耕而陶 著

懂点茶道

台海出版社

图书在版编目（CIP）数据

懂点茶道 / 耕而陶著 . -- 北京：台海出版社，
2021.5
ISBN 978-7-5168-2974-5

Ⅰ . ①懂… Ⅱ . ①耕… Ⅲ . ①茶文化—中国—通俗读
物 Ⅳ . ① TS971.21-49

中国版本图书馆 CIP 数据核字（2021）第 068749 号

懂点茶道

著　者：耕而陶	
出 版 人：蔡　旭	封面设计：吕彦秋
责任编辑：赵旭雯	

出版发行：台海出版社

地　　址：北京市东城区景山东街 20 号　邮政编码：100009

电　　话：010 — 64041652（发行，邮购）

传　　真：010 — 84045799（总编室）

网　　址：www.taimeng.org.cn/thcbs/default.htm

电子邮箱：thcbs@126.com

经　　销：全国各地新华书店

印　　刷：三河市中晟雅豪印务有限公司

本书如有破损、缺页、装订错误，请与本社联系调换

开　　本：700 毫米 × 940 毫米　　1/16

字　　数：275 千字　　　　　　印　张：21.5

版　　次：2021 年 5 月第 1 版　　印　次：2022 年 4 月第 2 次印刷

书　　号：ISBN 978-7-5168-2974-5

定　　价：58.00 元

茶，在汉语里可以指代多个意思，既指茶树，也指成品干茶，还可以指我们天天品饮的茶汤，亦有"下茶"之意。"下茶"是指男女订婚把茶当作聘礼的习俗，即明代茶学大家许然明在《茶疏》里所说："茶不移本，植必子生。古人结婚，必以茶为礼，取其不移植子之意也。"

中国是茶的故乡，也是最早进行人工栽培、利用茶树的国家。茶作为农产品，被文字载入文明史已经有三千多年了。

"开门七件事，柴米油盐酱醋茶。"是脍炙人口的民谚。人在吃饱喝足以后，用茶来滋养自己的身体，消食解腻，愉悦身心。茶不是什么神秘的东西，它就是一个可以入口的很好的农产品，从预防保健的角度讲，茶能做万病之药。这个意思是说，我们品饮的茶汤中包含着咖啡碱、茶多酚、茶氨酸、茶多糖等诸多

有益物质，它们能消食、能解腻、能怡神、能延缓衰老。所以茶能使人的体质增强，免疫力正常，对外界病害的抵抗力变强，所以说茶是万病之药。

我们要喝健康的茶，还要学会健康地喝茶。离开健康谈饮茶，是平地起大厦，随时会坍塌。饮茶要适度，过犹不及。每天应饮 5 克以上干茶，只有让茶汤在体内保持一定的浓度，才能发挥茶的预防保健作用。一个人品饮干茶的总量每天最好不要超过 12.5 克。

当下的我们处在一个信息爆炸的时代里，好的一面是可以在短短的时间里得到过去的人的一生也得不到的信息；坏的一面是面对如此海量或者说泛滥的信息时会手足无措。如何甄别，怎样去粕存精，是每个人面临的大问题。茶不特殊，同样处在这个信息时代之下。本书以科学常识为本，结合我自身多年的习茶实践，力图用通俗易懂的语言、简洁明了的文字、翔实的插图把茶及生活中与茶相关的小知识在书中一一述之，还茶以本来面目。难免纰漏，亦望方家指正。

《懂点茶道》的写作过程挺辛苦的。书的完结，要感谢一老一少两个人。一位是数年前我在安化深山茶园遇到的茶界老前辈；另一位就是我五岁的外甥女兜兜。老前辈的勉励、指点输我以慰藉、力量；兜兜的调皮、无邪给了我艰苦文字工作间隙中的愉悦。由衷感谢伴我砥砺行文之路的老少二人，有你们真好！

人这辈子，有走不完的路，也有做不完的事。昨天刚过去，今天又开始忙碌，明天未可知。该来的终究要来，该走时也一定会离开，这就是一生。当下奔波忙碌的时代，尤要爱惜自己，经年之后就会知道保持身体健康是给自己的最好礼物。健康包括生理上的健康与心理上的健康两个方面。大自然馈赠我们的这个杯中清物——茶，有诗情，具画意，利体怡神，实宜健康。

倚天照海花无数，流水高山心自知。

喝泡好茶吧，以慰风尘！

目

C   O   N   T

录

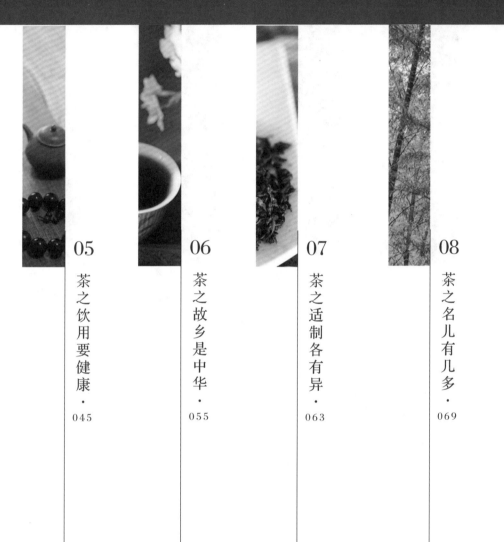

E　　N　　T　　S

目

录

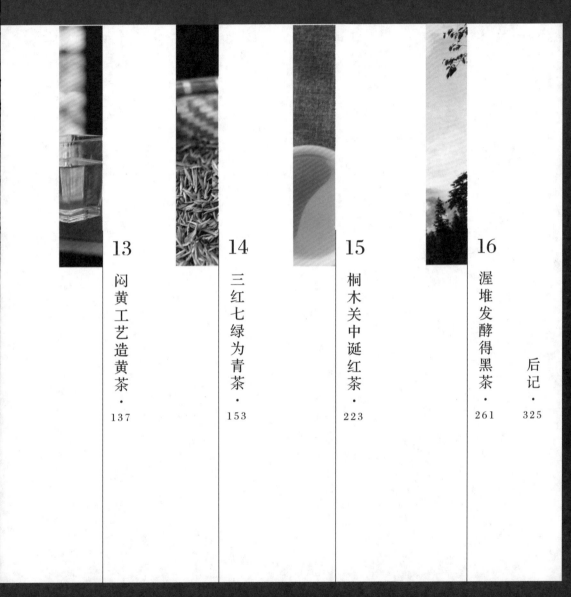

E　　　　N　　　　T　　　　S

PART 01

茶之诸味

得于内

开门七件事，柴米油盐酱醋茶。茶排在末位，这个排序反映了先人的生活智慧。与前面几位相比，茶不是生命延续的必需品，茶是在吃饱喝足，满足了"活着"这个前提后才需要的。万事都是有它的底层逻辑做支撑，茶也不例外。

茶，不神秘，很多时候是人把它神秘化了。"茶文化"是"琴棋书画诗酒茶"中的茶，说的是以茶为载体，人类的传统文化在其上的轨迹、汇集、传承与发展。要知道，不是茶本身有文化，而是喝茶的人赋予了它文化内涵。那么作为日常饮料的茶，它究竟是什么样的，它怎么就会香甜适口、消食解腻、让人愉悦呢？盐是打哪儿咸的，醋是打哪儿酸的，我们溯本逐源地聊一聊，聊完，朋友们就能明白个大概了。

天天喝茶，茶是什么？看看自然科学对它的定义：茶是植物界种子植物门，被子植物亚门，双子叶植物纲，原始花被亚纲，山茶目，山茶科，山茶亚科，山茶族，山茶属，茶种。再来看看喝茶人给茶下的定义，在唐代，茶圣陆羽说"啜苦咽甘，茶也"。茶一入口有苦味儿，咽下去会回甘，这就是茶。陆羽很有见地，这句话不仅在物质层面对茶做了定义，也赋予了茶哲学层面上的含义。

茶汤里的什么物质会让人喝到嘴里觉得苦呢？口感发苦就是茶叶里面最独特的物质——咖啡碱造成的。我们对茶的认知一定要围绕咖啡碱来进行。因为咖啡碱为茶树叶片所独有，是茶树叶片跟其他植物叶片迥然不同的地方，自然界里植物叶片干物质中生物碱（主要成分

为咖啡碱）含量能够达到 2%~5% 的一定是茶树。有些植物的叶片也含有微量的咖啡碱，比方说冬青科的苦丁茶，但它可不是茶，它的叶片内咖啡碱含量是 0.02%~0.04%，跟茶树叶片内的咖啡碱含量相比，太低了，可以忽略不计。茶树叶片中的咖啡碱是从哪儿来的呢？是自我保护机制促使的植物自身进化而来。咖啡碱具有兴奋动物神经的作用。设想一下，树林里的一只小虫子饿了三天，一扭头，看见一片茶树的鲜叶，太好了，我得好好吃它一顿。茶树怎么办，坐以待毙，甘心让虫子吃掉自己身上的叶子吗？当然不。于是茶树就在叶片里分泌出咖啡碱来保护自己。但虫子不知道，上去就是几口，当时就蒙了，吃的量大了直接死掉。这就是生产中人们把咖啡碱作为植物杀虫剂来使用的缘由。

有朋友问，茶多酚不独特吗？对茶来说，茶多酚是主要物质，不是独特物质。多酚类物质不为茶所独有，它广泛存在于自然界的豆类、蔬菜、水果当中，只不过在茶里面的就叫茶多酚，在菜里面的就叫菜多酚，在水果中就叫苹果多酚、葡萄多酚……所以多酚类物质不

是茶特有的成分，咖啡碱才是。

在茶中，茶多酚不是单一的，它是三十多种酚类物质的总称。在这三十多种酚类物质里有一种主要成分叫儿茶素，儿茶素占到了茶多酚总量的70%~80%，我们平常说的白、绿、黄、青、红、黑六大茶类，就是根据不同制茶工艺使得茶树叶片内以儿茶素为主的黄烷醇类的氧化程度不同而命名的。多酚类物质会对口腔形成刺激，入嘴以后给人的感觉是口腔发涩。举个例子，在家里面做青菜，为什么有的青菜先要在开水里焯一焯？为了做熟自不必说，还有一个目的就是要去除青菜中多酚类物质的涩感，这跟制茶时我们对茶树鲜叶进行杀青的道理相似。

陆羽说茶是"啜苦咽甘"。苦是咖啡碱造成的，那回甘是如何形成的呢？回甘不是单一的人体味蕾感觉。首先，苦味与甜味是相对而言的，是一种对比效应。喝过白糖水后接着喝白开水，会发现白开水有些苦；喝了黄连水后接着喝白开水，会发现白开水有点甜。其次，茶汤入口后，汤水中的多酚类物质会跟蛋白质结合，进而形成一层不透水的薄膜。这种膜的结合时间不长，它可以在片刻之间让口腔局部肌肉收缩而令喝茶人产生涩感；很快薄膜破裂，又使得口腔局部肌肉恢复原状，收敛性渐失。回甘是上述过程加上咖啡碱苦味冲击的双重作用而让口腔产生的错觉反应。

　　喝茶，尤其是喝早春采摘制作的绿茶，会有很鲜的味道。鲜，是自然界诸味之首，最为珍贵。茶里面的鲜味是从何而来呢？它来自氨基酸。茶中共有 26 种氨基酸，其中最重要的一种叫作茶氨酸，茶氨酸含量能占到茶中氨基酸总量的 70%。茶氨酸主要在茶树根部合成，茶树的毛细根越发达越利于茶氨酸的合成。在根部合成的茶氨酸经过积累，于次年茶树早春萌芽时出根部输送全芽叶，所以早春头采茶最是鲜美。研究显示，茶氨酸可以明显提高大脑内部多巴胺的生理活性。多巴胺是一种活化脑神经细胞的中枢神经递质，简单地说，它是产生快乐的物质，茶的抗疲劳作用即来自此。茶氨酸不仅带来了鲜美的味

道，而且它作用于人的大脑后还能让人们产生愉悦的情绪，具有提高品饮者注意力的作用，这就印证了东汉华佗的"苦茶久食，益意思"之语。

泡上一杯茶，茶的汤水是不是有颜色？不管茶汤是红色、绿色、黄色，还是褐色，那么这些颜色是哪儿来的？这就是茶叶中的水溶性色素带来的。水溶性色素有的是从茶多酚氧化而来的酚类色素，比方说茶黄素、茶红素、茶褐素。有的是花黄素类，包括黄酮醇和黄酮这两类化合物，绿茶的黄绿汤色就是由它们决定的。还有一种是花青素类，它可以使茶汤显褐色。

品一口茶汤，甜丝丝的，这甜又是哪儿来的呢？是糖，茶里面有可溶于水的糖类。有的茶喝起来带着微微的咸味，这说明有无机盐存在于茶中。

茶里边还会有酸的味道，它不是食物腐坏时发出的那种酸味。这

种酸是果酸的味道，就像我们日常家里买的苹果，咬一口，嘴里会有微微的酸，甜中带酸，一种让口腔非常舒服的果酸。三国时期，有一次曹操指挥军队行军，途中无水可喝，发生过一个望梅止渴的故事。明人戴重在《梅山梅花》里说："千里吴江春水深，许君饮马望江浔。空山花树无人迹，枉被曹瞒指到今。"当时曹操挥鞭一指，让士兵们快走，并告诉他们前面有片梅子林，去吃梅子解渴。士兵们脑海里想起梅子的酸，口水都流了下来，那就是果酸。我们总说"生津"两个字，如果没有酸，茶是不会生津的，所以说好茶一定含有微量的果酸。那我们为什么有时候喝不出茶汤里的酸味呢？原因有二：一是酸被茶汤里面含量更高的甜、鲜或苦、涩给遮盖住了；二是喝茶之人身体上火或吃了刺激食物导致口腔味蕾不敏感了。

茶喝起来还有香味，平常喝茶时，经常会听到有人说，这茶真香啊！是呀，好茶散发出来的香气，或幽或显，或花或果，或清灵或馥

郁。素华有栀子花香，祁红有玫瑰花香，白鸡冠有鲜玉米须香，醉杨妃有荔枝香，香妃有哈密瓜香，西湖龙井有蚕豆花香，铁观音是典型的兰花香，传统正山小种带着烟熏的松香，鸭屎有银花香，锯朵仔有杏仁香，有一年我做的蒙顶黄芽竟出现了冰糖雪梨香……有的茶还带有辛味，口感刺激，比方说肉桂有典型的桂皮味道。如果有喝过半天鹞的朋友，那印象会更深，半天鹞有典型的青辣椒味道。但是大家不要把这个辛味跟顾渚紫笋的"辣"搞混了。宋代女词人李清照的丈夫赵明诚著有《金石录》一书，其中写道："山僧有献佳茗者，会客尝之。野人陆羽以为芬香甘辣，冠于他境，可荐于上。"唐代陆羽把顾渚紫笋茶推荐给皇上时说的这个"辣"不是指辣椒的辣，而是指生态好的山场下所产茶之清冽，从而给口腔带来的刺激。举个例子，就像平常喝雪碧，进嘴时带给口腔一种鲜爽的刺激感。

茶叶中的香气其实就是种类繁多的挥发性芳香物质的总称。茶叶中的芳香物质组成非常复杂，有碳氢化合物、醛类、酮类、醇类、内酯类、酸类、酚类、过氧化物类、含硫化合物类等。听着有点乱吧，大家对它们有个印象即可。接下来咱们来分析一下茶叶产生香气的脉络。

首先，一棵茶树本身是一个植物品种。比方说它是大叶种还是小叶种？是肉桂还是水仙？是红心观音还是小青茶？所以茶叶具备品种的香气，是它自身基因赋予的，通俗讲就是自身带来的香。茶树鲜叶里面的芳香物质有八十多种，含量占鲜叶干物质的 0.005%~0.03%。一般来讲，幼嫩芽叶的芳香物质含量比成熟叶高，春茶含量比夏茶高，高山茶含量比平地茶高。其次就是它们的生长地域及环境。是生长在广东还是广西，在四川还是江苏？生长的环境是阳崖阴林，还是黄土砾壤？是小溪流水，还是云雾弥漫？是果树茂密，还是修竹漫布？这是生长环境对一株茶树的影响，这些因素造就了茶叶具有产地的香气。

茶树鲜叶采下来之后是通过什么工艺制成干茶的呢？是自然氧化还是经过了发酵？是经过炒青，还是经过晒青？有没有摇青，摇得是轻是重？经过了揉捻，还是不揉不捻？用不用炭火焙，焙了一次还是两次？等等。这就是制茶工艺赋予的茶的香气。迄今为止，茶里面已经分离鉴定出的芳香物质大致有七百多种。比方说苯甲醇有苹果香，橙花醇有柔和的玫瑰香，苯甲酸有苦杏仁香，茉莉内脂具有茉莉花香。成品茶中的很多香气都是通过制茶过程中，鲜叶在内源水解酶、氧化酶或是外界高温、微生物作用下，由其他物质转化产生的。接着就是说不管它是什么品种的茶树、生长在哪、经过什么工艺加工而成，那么买回后把它存起来，保存得当的话，茶叶随着时间流逝还会转化出新的味道。比如说普洱生茶，由青草香、花果香向陈香、药香转化。

综上，说一款茶的香气，就是这四种：品种的香气、产地的香气、加工工艺的香气、后期存放转化的香气。那么怎么来区别这四种香气呢？我的经验是，品种的香气跟产地的香气是融合在一起的。就是说一泡茶总有一种香气，在品这泡茶的整个过程中，它能一直追随着饮茶者，或浓或淡，或者很平稳，或者有时明显，有时隐隐，但一直都能让你体会得到。这就是品种的香气跟产地的香气相融合的香气。比方说著名的武夷岩茶，它就具有独特的岩骨花香。我们泡一壶茶，其中有一种香气一开始比较明显，但随着泡数的增加，这种香味会逐渐减退，这就是工艺的香气。后期转化的香气又如何理解？如果这种香气在新茶里喝不出来，并且它跟工艺的香气又不是一个味道，那么这种香气就是后期转化的香气。

另外，一些生态好的茶叶沏出的茶汤喝到嘴里会有微微的清凉感，就像刚刚含过薄荷似的。这是茶叶芳香物质里的一些萜烯类化合物的功劳，它们在一定条件下会产生类似薄荷的清凉感。此外，茶叶中的葡萄糖水解时需要吸热，也会使我们的口腔里有清凉的感觉。

茶带给我们的感官滋味就是来自苦、涩、甜、咸、酸、辛、香、凉，这些表象都源于其自身内在物质的支持。明白了这点，我们就知道茶并不神秘，沏茶同样不神秘。品质好的茶，它的鲜、甜、香的成分大，可以把茶里的苦、涩、咸等味道遮住，让我们喝起来口感舒服、使人感到惬意，这就是好茶的五味调和。但是任何茶浸泡时间长了或者投茶量大了，都会苦涩，原因就是五味不调和或者茶汤浓度偏高了。知道了缘由，多练习，任谁都可以沏出好喝的茶汤来。

上面介绍的这些让大家对茶的内含物质有了初步的认识，接着我们再用数据把一片茶树鲜叶中的诸多化学成分做个完整表述。

现代研究表明，在茶树的鲜叶中，水分约占75%，干物质约占25%。目前我们已知茶叶中的化学成分有七百多种，包括有机化合物（占干物质比例93%~96.5%）跟无机化合物（占干物质比例3.5%~7%）两大类。

各类有机化合物在茶叶干物质中所占比例大致如下：生物碱（3%~5%，主要成分为咖啡碱）、茶多酚类（18%~36%，主要成分为儿茶素）、蛋白质（20%~30%）、糖类（20%~25%）、有机酸（3%）、类脂（8%）、氨基酸（1%~4%）、色素（1%）、维生素（0.6%~1%）、芳香物质（0.005%~0.03%）等。

茶叶中的无机化合物总称为灰分，茶叶灰分是茶叶经550℃灼烧

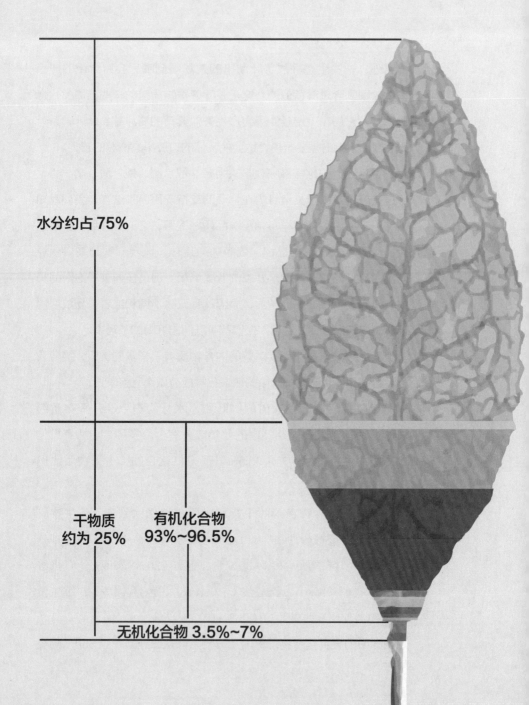

茶树的鲜叶

水分约占 75%

干物质
约为 25%

有机化合物
93%~96.5%

无机化合物 3.5%~7%

有机化合物在茶叶干物质中所占比例大致如下：

☆ 生物碱（3%~5%，主要成分为咖啡碱）

★ 茶多酚类（18%~36%，主要成分是儿茶素）

★ 蛋白质（20%~30%）

★ 糖类（20%~25%）

☆ 有机酸（3%）

☆ 类脂（8%）

★ 氨基酸（1%~4%）

★ 色素（1%）

☆ 维生素（0.6%~1%）

★ 芳香物质（0.005%~0.03%）

无机化合物包括：

★ 水溶性部分（2%~4%）

★ 水不溶性部分（1.5%~3%）

灰化后的残留物，里面主要是矿物质元素及其氧化物，如钾、钙、钠、镁、氮、磷、硫等。其他元素含量极少，叫作微量元素。无机化合物包括水溶性部分（占干物质比例 2%~4%）、水不溶性部分（占干物质比例 1.5%~3%）两类。

PART 02

茶 之 瀹 泡

水 为 母

江休复是北宋进士，官至刑部郎中。他写过一本书名为《江邻几杂志》，书中所记多是其本人耳濡目染之事，可信度极高。《郡斋读书志》评其"所记精博，绝人远甚"。《江邻几杂志》里记载了一个关于太常博士苏舜元和蔡襄斗茶的故事。"苏才翁尝与蔡君谟斗茶，蔡茶精，用惠山泉；苏茶劣，改用竹沥水煎，遂能取胜。"说的是在北宋时期，有一次苏舜元和蔡襄斗茶，蔡襄泡的茶不但好，而且用有名的惠山泉点茶。苏舜元泡的茶呢，稍差点，可他头脑灵光，用竹沥水点茶，逆袭取胜，斗败了蔡襄。苏舜元斗赢蔡襄，靠的不是茶优，而是水好。清泉用竹子沥过后变得清冽，汤色、滋味更胜一筹。

通过这个事情我们就知道，对于茶来讲，水是多么的重要。水不好，再好的茶都没办法展现出它的精蕴所在。用现代科学用语表达就是茶的各种营养成分都要通过水的冲泡来实现，水的好坏，直接决定了这些内质是否能够得到充分呈现。明代茶学大家许次纾在《茶疏》里说："精茗蕴香，借水而发，无水不可与论茶也。"张大复在《梅花草堂笔谈》里也论道："茶性必发于水，八分之茶，遇十分之水，茶亦十分矣；八分之水，试十分之茶，茶只八分耳。"古人不余欺也！

茶叶，被我们采摘下来做成了成品干茶，就静静地期待着跟水重逢。水把茶唤醒了，让它重生；茶又反哺于水，让水盈润甘美。"沏茶用水"实际上玩的就是"茶水之欢"，谁能让它们彼此欢愉，谁沏的茶就好喝。

那么，爱茶的人应该怎么去选沏茶所用之水呢？我们先来看看古人泡茶是如何选水的。古人选水不外乎天水（雪、雨水）、山泉水、江水、湖水、井水。

唐代茶圣陆羽在《茶经》中说："山水上，江水中，井水下，其山水，拣乳泉石池漫流者上。"从现代科学角度来讲，"其山水，拣乳泉石池漫流者上"，说明经石层过滤了的山泉水硬度低，水质甘洌。宋徽宗在《大观茶论》中说选水要"以清轻甘洁为美。轻甘乃水之自然，独为难得"。"平湖几里风香荷，荷花叶上露珠多。瓶罍收取供煮茗，山庄韵事真无过。"这首诗是清朝乾隆皇帝在避暑山庄避暑时所写。可见这位天子对泡茶的水很有讲究，他选择荷花叶子上的露水来沏茶。实际上，露水就是蒸馏性质的水，水轻、纯净度高、硬度低。以上三位历史上的大茶家用水有一个共同点，他们选的水都有硬度低、纯净度高等特点。为什么用硬度低、纯净度高的水来沏茶就好呢？现代科学研究表明，水中所含钙、镁、铁、铝、锌等离子的浓度越低，对茶的干扰性就越小，茶汤中糖类、氨基酸、茶多酚、有机酸等物质的浸出率就越高，茶汤滋味更醇厚，回味更强。

不单是诗、文中，小说里也同样描写过用轻水沏茶的场景。《金瓶梅》第二十一回《吴月娘扫雪烹茶，应伯爵替花邀酒》里写道："西门庆把眼观看帘前那雪……端的好雪。但见：初如柳絮，渐似鹅毛。唰唰似数蟹行沙上，纷纷如乱琼堆砌间……吴月娘见雪下在粉壁间太湖石上甚厚，下席来，教小玉拿着茶罐，亲自扫雪，烹江南凤团雀舌芽茶与众人吃。正是：白玉壶中翻碧浪，紫金杯内喷清香。"多美的场景，书中人物将寻常的雪夜都过得那么诗情画意。这种扫雪烹茶的曲尽其妙之境我辈是碰不上了，因为现在大气、土壤严重污染，导致大自然的雪水、雨水已经不能再用了。

那我们日常该如何找到最适宜泡茶的水呢？明朝文学家田艺蘅

在他的《煮泉小品》里写道："鸿渐有云：'烹茶于所产处无不佳，盖水土之宜也'，此诚妙论。"在古代茶家看来，最宜茶的水就是茶树生长之地的水。大家知道，水是茶树的主要成分，是茶树进行光合作用、产生茶树有机物的重要来源，它直接影响着茶叶的品质。可以说，水伴随了茶的一生，水哺育了它，成全了它，圆满了它。依据相似相溶原理，用当地的水来泡当地所产的茶，这个于古人来讲是最好的选择。就像我们吃完饺子都爱喝碗饺子汤一样，原汤化原食嘛！但难题来了，如果你在长春买了二两明前头采西湖狮峰龙井，要从长春跑到杭州背回虎跑泉的水来沏茶，太不现实了。我们得到产茶之地的水有难度，天然之水被污染，多数不能用，怎么办？综合考虑用水的安全性、茶汤的适用性、取水的便捷程度，我推荐大家到当地市场去买合格的纯净水来沏茶。

为什么要选择纯净水呢？这是由两方面原因决定的。首先，茶汤里的茶多酚是含有酚羟基的，这使得它在茶汤内可以游离出氢离子，所以茶汤呈弱酸性，它的 pH 值小于等于 7。这一点就告诉我们，泡茶用的水应该使用弱酸性或中性的，而不要用碱性水。其次，我们来看看制茶过程。一片茶树的鲜叶里的水分约占75%，干物质约占25%。鲜叶从茶树上被采摘下来，经过摊晾、萎凋、杀青、干燥等一系列工艺而做成了成品干茶，这时候成品茶的含水率一般在6%以下。制茶其实就是一个让茶叶失去水分的过程，瀹茶的过程却相反，是一个让茶叶吸收水分的过程。那么大家想一下，在瀹茶这个吸收水分的过程当中，让茶叶吸收哪种水分最好？一定是吸收它失去的那种原汁原味的水才是最好、最宜的。制茶时从茶叶当中散发出去的水分本质上就是没有硬度的纯净水——化学结合水与物理吸附水。可见，纯净水对茶的干扰是最小的，纯净水一定是瀹茶首选。前文所说古人用当地之水来泡当地所产的茶，这其实是古人在农耕社会里得不到纯净水的不二选择。

　　为什么不首选矿泉水或自来水呢？因为相对来说，二者所含矿物质较多，会影响茶汤的本味。比方说钙离子、铁离子会跟茶汤中的草酸、酚类物质发生化学反应形成沉淀，使茶汤色泽变暗、不扬香。很

多城市自来水里用来消毒的氯较多，这也会干扰茶汤，使沏出的茶水喝起来有异味，大大损伤了茶的味道与香气。

前几年在媒体上有很多关于常喝纯净水健康还是不健康的报道，纯净水中矿物质与微量元素的缺乏，成为人们争论的焦点。对于纯净水是否会影响人的身体健康，双方各执一词，由此央视某栏目专门做了一期关于纯净水的特别节目。栏目组走访了国家主管部门与权威专家，系统权威地回答了这个问题。结论是，水中所能提供的矿物质和微量元素仅占人体所需元素的 1%，这个量是微乎其微的。喝一杯牛奶所含的钙，相当于 200 杯矿泉水的含钙量。吃一块肉，里面所含的铁等于 8200 杯矿泉水里所含的铁量。水的主要作用实际上有两个：一是提供人体水分，达到人体的水平衡；二是载体的作用，运输营养物质让人体消化、吸收，并帮助我们把废物排出体外。

20 世纪 90 年代，欧美发达国家的纯净水普及率就已经达到了80% 以上，中东地区是 100%。这些国家和地区到目前为止，没有发现一例因为饮用纯净水而导致身体健康出问题的报道。简单地讲，如果纯净水对人体有害，国家就不会制定纯净水饮用标准了，所以大家不用再纠结，放心地用纯净水沏茶吧。纯净水是经过多层过滤，经过反渗透技术、电解技术加工而来，硬度低、纯度高，对茶的干扰是最小的，最能还原茶的本味。用纯净水沏出的茶汤晶莹透彻，香气滋味纯正，没有异味，鲜醇爽口。

愿大家正确用水，沏出好茶，不负天物！

PART 03

茶之为用

味至寒

生活中常常会听到这么一句话，茶是"寒"性的。很多朋友都对这个定义感到疑惑。

就像"没有无缘无故的爱，也没有无缘无故的恨"一样，"寒"既然是茶的"性"，那么它就不可能是个虚无缥缈的东西，一定是茶里的某种物质决定了它。只要弄清了茶里面的物质都是些什么，它们又都有什么功能作用，那我们就能找出到底是什么导致了茶性的"寒"。前面聊过，在茶树的鲜叶当中，水分占了 75%，干物质占了 25%。茶是由 3.5%~7% 的无机化合物和 93%~96.5% 的有机化合物组成的。到目前为止，茶中已知的化合物有 700 多种，主要包括糖类、蛋白质、脂肪、氨基酸、多酚类物质、生物碱、色素、芳香物质、皂苷、无机化合物等。

茶里面有一类叫作生物碱的物质，生物碱包括咖啡碱、茶碱、可可碱，后两者含量极低，可忽略不计，生物碱的主要成分是咖啡碱。咖啡碱是茶的一种非常重要的特性物质，就是它决定了茶的"寒"性，也是它决定了茶最主要的药理作用。现代医学研究证明，咖啡碱能够起到积极的解热镇痛、利尿、兴奋中枢神经的作用。解热镇痛就是退烧止痛，利尿就是排毒，兴奋中枢神经是令人有精神气儿，这从字面上即能看出。在久远的农耕时代的生产、生活实践当中，普通百姓跟医者发现用茶煮水给高烧的病人喝可以增加病人的排尿次数，起到解热镇痛、缓解病情的作用。那时的人们还不具备现代医学、化学知识，不知道这是茶中的咖啡碱在起作用，而是从表象上看到茶水能

解热症，所以就说茶性是"寒"的，慢慢就约定俗成地用"寒"来表示茶的性了。

成于战国秦汉之际的现存最早的医学文献典籍《黄帝内经·素问·至真要大论篇》就明确提出了"寒者热之，热者寒之"的医疗方法。翻阅我国浩如烟海的中医典籍与茶学、养生文献就会看到，每论及茶性，都有着对其性本"寒"的论述。

唐显庆四年（659年），苏敬等23人奉敕编修的中国第一部官修药典《新修本草》问世，其中记载："茗，苦荼味甘苦，微寒无毒、主瘘疮，利小便，去痰热渴，主下气，消宿食。……下气消食，作饮，加茱萸、葱、姜良。"

唐代大医陈藏器著《本草拾遗》一书也说："茗，苦，寒，破热气，除瘴气，利大小肠，食之宜热，冷即聚痰。茶是茗嫩叶，捣成饼，并得火良。久食令人瘦，去人脂，使不睡。"

唐代茶圣陆羽在《茶经·一之源》后半部分论述茶叶的使用时写道："茶之为用，味至寒。为饮最宜精。行俭德之人，若热渴、凝闷、脑疼、目涩、四肢烦、百节不舒，聊四五啜，与醍醐、甘露抗衡也。"

宋代黄庭坚《煎茶赋》云："寒中瘠气，莫甚于茶。"

元代的饮膳太医忽思慧在《饮膳正要》里写道："凡诸茶，味甘苦，微寒无毒，去痰热，止渴，利小便，消食下气，清神少睡。"

明代李时珍的《本草纲目》里说："茶苦而寒，阴中之阴，沉也，降也，最能降九火为百病，火降则上清矣。然火有五，火有虚实。若少壮胃健之人，心肺脾胃之火多盛，故与茶相宜。温饮则火因寒气而下降，热饮则茶借火气而升散，又兼解酒食之毒，使人神思爽，不昏不睡，此茶之功也。"

清代沈李龙《食物本草会纂》亦记述："茗……叶味苦甘，微寒无毒……久食令人瘦，去入脂，使人不睡。"

在中草药的应用上，《神农本草经》早就提出"药有寒热温凉"之论，现代《中药基础理论》里也讲："根据中药功效分为寒、凉、温、热四性。"为了求证中草药里常见物质在药用方面的寒热属性，科研人员利用多种先进仪器及实验方法从分子层面、化学成分上入手，对生物碱、氨基酸、糖类、脂肪、总蛋白质、香气成分等物质与中药的寒、热关联性进行了诸多研究，尤其是山东中医药大学在这方面的研究有了一定成果。研究显示，热性中药的 18 种氨基酸平均含量是寒性中药的 1.32 倍，氨基酸、糖类、脂肪、总蛋白质、香气成分等物质与温热相关，苷类、生物碱与寒相关，这就从科学角度证明了茶中主导寒性的物质是咖啡碱。自古至今，茶的药理功效主要是对咖啡碱而言的。现代医学认为，咖啡碱利尿，是重要的解热镇痛剂，在药品临床应用上它是大家常见药物复方阿司匹林的主要成分之一。

说起茶跟药的联系，让我想起来一件事。这些年茶叶市场上流

行这么两句口头禅"一年是茶，三年是药，七年是宝，过了十年不得了""百年老茶，灵丹妙药"，喜欢茶的朋友们应该都听到过。真有这么神奇吗？我们来分析一下。中草药放久了是不能用的，甚至会有副作用。因此，药的说明书上都会写有一个保质期，药在保质期内就治病，超期可能就会要命。茶树的鲜叶在变为日常泡饮的成品干茶的过程当中是经过了炒、焙、烘等工序，这些工艺会使茶中起到主要药理功效的物质咖啡碱挥发、减少。如果把茶当作药来用，可以视茶为一味中草药。中草药陈放的目的是为了降低药物的烈性或毒副作用，非为陈即是好。茶也一样，随着保存时间的延长，茶中的咖啡碱还会逐年氧化挥发，它的药理作用肯定越来越低。可见，如果非要强调利用茶的药理功能去治病，那应该说"头年的新茶是个宝"才对，此时咖啡碱含量处于峰值，并且一定是去解热症而非寒症，否则适得其反。那为何会宣传"一年是茶，三年是药，七年是宝，过了十年不得了"呢？两个理由：一是商业需求，二是人云亦云。

我们再深入地聊聊这个决定茶叶"寒性"的咖啡碱。

"啜苦咽甘，茶也"，这是 1200 多年前茶圣陆羽给茶下的定义。茶叶的苦，源于其自身的生物碱即咖啡碱、茶碱、可可碱，其中绝大部分是咖啡碱，另外两者含量很低，可以忽略不计。茶叶中的咖啡碱不仅是茶叶化学成分的主要组成物质，也是茶树的叶片区别于其他植物叶片的根本特征。自然界中植物叶片咖啡碱含量能达到 2%～5% 的只有茶叶。茶的寒性主要是针对茶内的特性物质咖啡碱来说的，咖啡碱含量的高低就决定了茶的寒性的大小。

茶叶中的咖啡碱属于甲基黄嘌呤类生物碱，味苦，溶于水或醇中能立即分解，转为游离的咖啡碱和酸。咖啡碱熔点为

235℃～238℃，在120℃以上开始升华。咖啡碱可刺激膀胱协助利尿，现代研究表明，在已知的700多种茶叶化学成分当中，咖啡碱在利尿解毒方面是最显著的。咖啡碱进入人体后45分钟即可被胃与小肠完全吸收。咖啡碱的半衰期根据人群的不同年龄、不同身体状态而不一。研究显示，患有严重肝脏疾病的人群为96个小时，新生婴儿为30个小时，已怀孕的女性为9～11个小时，健康成人为3～4个小时。看来，咖啡碱的代谢在不同个体之间的差异还是很大的。

咖啡碱在人体内是通过肝脏来代谢的，所以体质弱的人、肝脏功能有问题的人要注意，咖啡碱在体内的代谢就不只是3～4个小时。我见过不少老年人，下午喝了茶，晚上就睡不好，说明老年人肝脏功能下降了。古代医书上说茶是"虚人禁用"，指的就是年老体弱的人、肝脏功能有问题的人、发育不健全的少年儿童，这些人是不适合饮茶的。一个人代谢有问题，会造成咖啡碱的积累，过量即可损伤肝脏。此外，咖啡碱还有刺激胃分泌胃酸的作用，咖啡碱的适度摄入可以帮助消化，"消宿食"。咖啡碱另一个作用就是兴奋大脑的中枢神经，使人"清神少睡"。

茶中咖啡碱的含量会随茶树的生长季节、环境、品种、生长部位、加工方式的不同而不同，它不是由这其中的某一个条件所决定的，它是由上述综合因素下所生成的结果，换句话说，茶的寒性是由上述综合条件来决定的。茶树体内的咖啡碱分布，以叶部最多，茎梗中较少，花果中更少。新梢中的咖啡碱是以嫩的芽叶含量最多，老叶最少。因此咖啡碱在新梢中的含量是随芽叶的老化而减少。在不同品种中，大叶种比中、小叶种咖啡碱含量高。在不同季节中，夏、秋茶比春茶的咖啡碱含量高。在不同栽培条件中，遮阴和施肥的茶比露天和不施肥的咖啡碱含量高。

　　很多人认为氧化或发酵程度高的茶就不寒，氧化或发酵程度低的茶就寒，红茶就不寒，就温胃养胃；绿茶就寒，就伤胃。这种说法是不对的。其原因有三，第一，茶的氧化或发酵程度高低跟咖啡碱没半点关系，那是针对茶叶里面的茶多酚而言，张冠李戴了，很多朋友连基本的常识都还没有搞清楚。第二，只要有咖啡碱的存在，茶的本性必寒。我们泡一杯茶，它的寒性是在综合条件下做成的干茶在茶杯里浸泡出来的游离状态的咖啡碱的含量决定的。茶汤中游离状态的咖啡碱含量的多寡，就决定了我们正在品饮的这杯茶寒性程度的大小。第三，说一种茶寒于另一种茶，那一定得是在同一个产地的、同时采摘的同品种茶青，用不同的工艺制成不同的茶类，然后再把它们带入实验室做定量定性的比较分析，这才是科学的。举例来说，同等质量下，在夏天采摘的、大叶种的晒红茶，它的咖啡碱含量就很可能比在春季清明前采摘的小叶种绿茶的咖啡碱含量高。在这种情况下，能说绿茶比红茶寒吗？同样是这款红茶，跟春天采摘的经过足火烘焙的武夷岩茶比，该红茶的咖啡碱含量极可能比足火烘焙的武夷岩茶高。这一点在生活中大家是可以感受得到的。我们可以在身体健康、饮茶规律不变的情况下，每天定量地喝不同种类的茶，根据咖啡碱利尿这一特性，通过在饮用不同种茶类下导致小便次数的多寡就能大致推断出所喝茶类中咖啡碱的含量孰高孰低。

有朋友说，在红茶的萎凋过程中，咖啡碱的含量是大幅增加的；在黑茶的渥堆发酵过程里咖啡碱也是呈升高的趋势，这两种茶相对来讲为什么会不寒呢？要知道红茶虽然在萎凋时产生了更多的咖啡碱，但是在红茶其后的氧化过程当中，茶多酚通过氧化聚合形成了茶黄素和茶红素。而茶黄素、茶红素能跟咖啡碱结合形成不溶于水的不等量的复合沉淀物而积于叶底。在红茶后期的干燥过程中，咖啡碱也会受热升华减少。在这两者综合作用下，红茶相对来说寒性比较低。黑茶

在渥堆的时候，咖啡碱含量有所升高，而此时因为发酵产生的茶红素依然会络合一部分咖啡碱。随着发酵的深入，茶红素氧化聚合成茶褐素，这个过程当中又有一部咖啡碱参与了茶褐素的形成，最终导致咖啡碱总量减少，使黑茶变得醇厚温和。

说到此处，大家对茶的"寒性"应该是有一定的了解了。我们再来说一下咖啡碱的副作用。任何事物都有两面性，过犹不及。食用咖啡碱过量后可以导致精神紊乱，还会刺激肠胃，损伤肝、肾，超过 10 克即可致命，所以一定要把握好饮茶时对咖啡碱的摄入量。欧盟食品安全管理局、国际生命科学会北美分会、加拿大卫生部、英国药典、中国药典对健康人咖啡碱一天摄入量的规定分别是：0.4 克、0.4 克、0.4 克、0.65 克、0.65 克。安全起见，我们按最小数值执行，即咖啡碱的每天摄入量为 0.4 克。茶叶中咖啡碱的含量一般占茶干物质含量的 2%～4%，这个值取最高的 4%；茶汤中咖啡碱的溶解度是 80%，根据以上条件换算成干茶的重量为 12.5 克。所以茶友们每天品饮的干茶总量最好不超过 12.5 克。

茶有两面性，能养人，也能伤人，要明白去害存用的道理，学会选择茶、分辨茶、利用茶；养成喝好茶、喝淡茶、不喝烫茶的习惯。唐代的常伯熊，可称得上是中国历史上第一位茶艺表演艺术家，也是现代茶艺师的祖师爷。我们所看到的《茶经》中有关煮茶、饮茶的篇幅，很可能是陆羽汲取了常伯熊的"广润色"之论而完成的。唐代封演所著《封氏闻见记》里记载："楚人陆鸿渐为茶论，说茶之功效，并煎茶、炙茶之法。造茶具二十四事，以都统笼贮之。远近倾慕，好事者家藏一副。有常伯熊者，又因鸿渐之论广润色之，于是茶道大行，王公朝士无不饮者。御史大夫李季卿宣慰江南，至临淮县馆。或言伯熊善茶者，李公为请之。伯熊着黄被衫、乌纱帽。手执茶器，口

通茶名，区分指点，左右刮目。茶熟，李公为啜两杯而止。既到江
外，又言鸿渐能茶者，李公复请之。鸿渐身衣野服，随茶具而入。既
坐，教摊如伯熊故事，李公心鄙之。茶毕，命奴子取钱三十文酬茶博
士。"陆羽的表演不如常伯熊，故"李公心鄙之"。常伯熊是对唐代
煎茶道盛行起到极大推动作用的茶艺大师，在这一点上功盖陆羽。茶
艺虽然了得，但由于缺乏对茶性及饮茶量的把握，后来"伯熊饮茶过
度，遂患风，晚节亦不劝人多饮也"，不免令人唏嘘。无独有偶，看
看明代大医家李时珍在自己晚年又是如何警戒后人饮茶的。李时珍说
自己："时珍早年气盛，每饮新茗必至数碗，轻汗发而肌骨清，颇觉
痛快；中年胃气稍损，饮之即觉为害，不痞闷呕恶，即腹冷洞泄。故

备述诸说，以警同好焉。"

　　万事以健康第一。脱离健康谈饮茶即是无根之木、无源之水。如果不是"铁嘴钢牙铜脑壳，瓷胃镁肠钛肝肾"，那么请茶友谨记上文所说的每日干茶饮用量上限为 12.5 克。

PART 04

茶之适口

在浓度

茶友们沏茶，不外乎使用两种器具，一种是盖碗，另一种是紫砂壶或瓷壶。那为什么使用同样的茶、同样的器具，有的人沏出来的茶汤就没有别人沏出来的好喝呢？我们以最基本的沏茶器具盖碗为例，来聊一聊如何能够沏出香甜适口的茶汤。

大家别小瞧盖碗，有很多人还真不太会使用。用不好盖碗的情况主要表现在两个方面：一是使盖碗时经常烫手；二是用盖碗沏出的茶苦涩不好喝。这两种情况是怎么造成的呢？

关于盖碗烫手，主要是三个原因造成的：

第一个原因是盖碗的撇口角度不合理。就是说撇口的角度不够大，如果撇口角度太小，出汤的时候就容易烫手。当然也不能太大，这就要求在挑选的时候拿手去比量一下盖碗的大小，就像去商场买鞋，鞋大鞋小，得问问脚，不能光看了一些图片或是问了尺码就去下单。同样的尺码还有欧版、美版、韩版、国内版的区别呢。

第二个原因是在挑选盖碗的时候，一定要注意盖碗的盖子。要挑那种隆起的盖子，而不要挑表面扁平的盖子，配套这种盖子的盖碗最好不要买。因为这种盖子在出汤的时候，水蒸气很容易从碗体跟盖子之间的缝隙跑出来，那样手就很容易被烫。

第三个原因是拿盖碗的姿势，就是拿着盖碗出水时手的握势。这个姿势因人而异，但绝大多数人都是食指按住盖子中间，拇指跟中指分别掐住碗身上沿两边撇口。需要注意的是，出汤的时候手中的盖碗一定是前俯后抬，绝对不能左右摆动。左右一摆动，碗里的热水就不

仅仅从盖子与碗身中间冲向公道杯的缝隙流出了，它还会从拇指或者中指方向的缝隙流出，那不烫手才怪呢！

烫手的事儿讲明白了，再说说为什么用同样数量的茶，同样的盖碗，自己沏的茶就不如别人沏的好喝。这种情况就一个原因，对茶汤浓度的把握有问题。同样条件下，茶沏得好不好喝仅仅取决于我们对茶汤浓度的把握！

茶汤浓度该怎么来把握呢？原则就是掌握好出汤时间，根据投茶量来确定出汤时间或者说看汤出汤。对于这句话要如何理解？我举个例子。比方说现在沏西湖龙井茶，我用100毫升的盖碗，放3克龙井茶，10秒出汤，这样出的这个茶汤就很好喝。假如喝茶的人多，还是100毫升的盖碗，我就用6克茶，此时我会把出汤时间掌握在5秒，看汤的颜色出汤。就是说无论是3克茶10秒出汤，还是6克茶5秒出汤，都要看茶汤的颜色，要做到在这两种情况下出汤的颜色是一样的，那么茶汤的味道肯定是一致的。同样的道理，假设有一个200毫升的盖碗，我们用6克茶叶，那此刻的出汤时间就跟100毫升盖碗下3克茶出汤的时间一致，看汤出汤，或者说不用理会时间是否是10秒，只看茶汤颜色，无论哪种情况下，当感觉茶汤口感是最好的时候，就记住那时候的汤色是什么样的，那么就在每次想要出汤的时候看盖碗里的汤色，只要汤水达到那个颜色，就立刻出汤。同样的茶，按我的方法去沏，这个茶肯定很香、很好喝。当然，前提是一定要把握好自己觉得口感最佳时候的那个汤色。还有一种情况，两个盖碗，容量是相同的，但是一个投茶多，一个投茶少。比方说100毫升的盖碗，有的人投3克，有的人投8克，要达到相同的口感，那该怎么掌握？很简单，少的，就泡的时间长一点；多的，泡的时间短一点，看汤的颜色出汤。沏茶"无他，惟手熟尔"！

　　我曾多次遇到过把沏茶搞得神秘复杂的事情。有一次跟一位方外茶友聊天，他说："昨天有位道友跟我说，她最近在尝试一种新的泡茶方法，投茶量和水量没记住，只记得都很大，然后在月光下放置多时，阳光下放置多时，便成了精华，饮用时放上几滴。我没敢接话。"我说："茶，就是个农产品。搞这么复杂有意思吗？不接话就对了。"这位方外茶友接下来说："嗯，谢谢老师！饮茶亦应不离中道，不繁不枯，知其性，懂其事，惜其味美，解渴就是了。"

　　好一个"饮茶亦应不离中道，不繁不枯，知其性，懂其事，惜其味美，解渴就是了"，一语中的。茶，本身就是入口之物而已。茶也有朋友圈，它的朋友圈就是咱们吃的五谷杂粮跟油盐酱醋。茶本身没有什么神秘的，把它搞神秘的是我们自己或者我们身边的那些"大师"。茶文化不是神秘主义，那个"文化"是琴棋书画诗酒茶的茶，是指以茶为载体，传统文化在其上的汇集、酝酿、传承与发展。

　　品茶随心适意，好的茶，谁泡都好喝，跟作秀性质的泡茶形式没有丝毫关系；不好的茶，就是使用再复杂的程序，也不会好喝。像上面说的那位朋友，喝个茶，还得取得日月之精华，好好的日子，好好的茶，非要搞得繁复、神秘，无异于浪费生命。真的，这一生挺短的，我们每个人都该惜时才对。人这辈子，跟茶叶太像了，浮华过后归于平淡。茶，由一片嫩绿的树叶，经过杀青、揉捻、发酵，及至烘干。接着又在开水里浸泡、沸腾，把自己内在的潜质逼出来，浸泡一次就成熟一次，成熟一次就衰老一次，最后展露出本真的叶底。浓淡，似人情；滋味，像风景；浮沉，如世事。人这一生不也是历过坎坷与繁华之后归于自然平淡之本身吗？我想这兴许就是所谓的"人生若茶，茶若人生"吧。

　　茶之品质有优劣，故茶之价格分高低。坦率地讲，不是所有的人都能消费得起高等级的好茶。对本身喜欢茶而略拮据的朋友来说，因为经济条件所限，不能把好茶当作口粮茶，那就少买，比如买一两，存放起来。好茶不见得天天喝，但一定要学会择时而喝，学会把它当作一剂调节生活的良药。在高兴的时候跟几个知己同品，"众乐乐"；在心情不好的时候拿出来沏一壶，调节自己的心情，"破孤闷"。逆境顺境，一杯茶。心小了，事就大了；心大了，所有的大事就都小了。现代社会已然把人们搞得一整天忙碌不停、身心俱疲，所以要学会给自己留一个空间，给心灵腾一隅港湾，让自己适时愉悦、放松一下。

PART 05

茶之饮用
要健康

　　我们喝茶，不但要喝健康的茶，还要学会如何健康地喝茶。现在很多人都在讲茶、讲茶文化，讲这些首先要讲健康，不讲健康的茶、不讲健康的茶文化是不正常的，脱离健康谈这些，本质上是错误的。

　　几天前无事，去茶城遛弯儿，听到一片吆喝声："买吧，买吧！天冷要多喝红茶，红茶是全发酵茶，最养胃了，对身体益处多多呀！"我听到这些就别扭，明明茶不养胃，或者说世界上就没有能养胃的茶。且茶不能过量饮用，过则伤身，可还有人会"劝君更尽　杯茶"，要么是真不懂，要么是因商业目的而为之。但结果真的会让一些对茶认识不深，本身又有肝、胃病的朋友得不偿失。只要茶中含有咖啡碱跟茶多酚，那么就一定会对胃和肝脏造成刺激。只能说根据这二者含量的多寡，对胃、肝脏造成的影响是不是人体能承受的，或者说是无害的，而绝不存在养不养胃之说。

　　我们知道茶叶里面含有一种物质叫茶多酚，茶多酚不是单一的，它是茶叶中所有酚类物质的总称，在茶叶里有 30 多种酚类物质。我们平时喝的六大茶类就是按照茶多酚中的主要物质即以儿茶素为主的黄烷醇类的氧化程度来划分的，这才确定茶叶分白茶、绿茶、黄茶、青茶、红茶、黑茶。茶多酚占茶叶干物质总量的 36%，以儿茶素为主体的黄烷醇类大致占茶多酚的 70% ～ 80%。大家都说红茶是全发酵茶，这个是不准确的，实际上红茶的氧化是多酚物质中以儿茶素为主体的黄烷醇类的氧化，所以这个氧化并非是茶多酚的全部氧化。根据实验室数据结果显示，红茶茶汤内的水溶性茶多酚的保留量一般在

50%～55%。也就是说，成品红茶里面还有相当一部分茶多酚没有被氧化，这样的话，过量饮用红茶还是会伤及肝脏。另外，上述数值也预示了随着后期存储，红茶依然会有很大的转化空间。之前讲过，茶里最独特、最重要物质是咖啡碱，咖啡碱过量会刺激胃、伤害胃。中医讲脾胃为后天之本，什么是后天之本呢？就是说要健健康康地活着就得吃东西，而吃下去的东西是需要脾胃的运化才能被人体吸收。如果脾胃运化出了问题会直接影响到营养的吸收，人还能健康吗？

给大家说个小方法，如果红茶是全发酵茶，那么就是说茶多酚全部氧化掉了，那就取5克红茶放在一个杯子里闷泡5分钟，然后尝一下这个汤水。如果汤水有涩味，那么一定是含有茶多酚的；如果有苦味，那么一定是含有咖啡碱的。事实上这个汤水一定是苦涩的，只不过根据红茶等级、工艺与氧化程度高低的差别导致不同红茶苦涩程度不同而已。有人说，我喝了好多年红茶也没被咖啡碱、茶多酚把身体

喝坏啊？这不是因为茶不含有这些东西，而是因为喝的量不够多，说明你平常把握的饮茶量还是合理的。物极必反，跟吃药一样，在剂量内就治病，超了就可能致命。只能说在没有健康饮茶概念的情况下身体还没出问题，真是万幸！

在对茶多酚安全摄入的研究上已经有了实验室数据结果。瑞士的研究结果显示，连续 10 天通过胃摄入 EGCG 对大白鼠的无作用剂量为每天 500 毫克 / 千克，按 60 千克体重计算，人类 EGCG 的安全剂量为每天最多摄入 30 克是安全的。[1] 我国的研究结果是，成人长期每日摄取茶多酚的安全剂量是 0.5 ~ 1 克。根据前面文章提到的以安全摄取咖啡碱为前提得出的每天干茶的最大饮用量 12.5 克为基准，按照茶多酚在干茶中所占 30% 的最大比例、在泡茶时最大浸出率 20% 计算，那么一天摄入茶多酚的最大量是 0.9 克，所以一天干茶总量不超过 12.5 克是安全的。

日常生活中，还有些与健康息息相关的饮茶常识值得我们注意。

一、每日用餐后，食物进入到我们的身体内部，食物中的蛋白质在胃里的滞留时间有两三个小时之久。饭后立即饮茶，对人体有三个不利影响。首先，汤水会冲淡胃内起消化作用的胃液；其次，茶汤里面的茶多酚会影响人体对蛋白质的吸收；第三，茶汤与蛋白质会结合成鞣酸蛋白，鞣酸蛋白有收敛止泻的作用，能抑制肠道蠕动，使肠道蠕动变慢，这样就延长了肠道的排便时间。粪便中需要尽快排出体外的有毒物质得以长时间停留在肠道中与肠道持续作用，其结果可导致肠息肉增长甚至恶变。如果总是在饭后立即饮茶，养成习惯后还会造成肝脏的营养不良。肝脏出了问题，就会影响到人体的解毒功能和脂

1　EGCG 即表没食子儿茶素没食子酸酯，是茶多酚的主要成分。

类代谢。所以饮茶要尽量安排在用餐两个小时以后。

二、生活中有些朋友喜欢饮用黑茶，这就要对一些用粗老原料所制的黑茶的饮用量有所把控。因为在粗老茶叶原料中，氟的含量是很高的，有些老叶片的含氟量能达到嫩叶的数十倍之多。茶里面的氟易溶于水，在 5 分钟、30 分钟内氟的浸出率分别为 70%、90%，长时间煮饮下浸出率能达到 98%。长期超量摄入氟会导致骨骼变形、牙齿脱落、甲状腺肿大等诸多疾病。我国卫计委对每人每日氟摄入量的规定为 3.5 毫克。以农业农村部 2003 年颁布的茶叶生产标准对氟化物（以 F 计）规定的小于等于 200 毫克 / 千克为准，12.5 克干茶每日氟摄入量为 2.5 毫克，看得出每日 12.5 克的干茶用量是安全的。但因为日常生活中我们还要从其他饮食及水中对氟有所摄入，这些摄入约为 1 毫克左右，所以对于单一饮用粗老的黑茶类来讲，每日饮用量要适当降低，个人认为控制在 6 克以内为宜。

三、人的口腔跟食道表面都覆盖着柔软的黏膜。正常情况下，口腔和食道的温度多在 36.5℃ ~ 37.2℃ 之间，能耐受的高温在 50℃ ~ 60℃。当口腔感觉到很烫时，温度大多已在 65℃ 以上了。经常吃烫食的朋友，口腔习惯了高温，在食物温度很高的情况下也不觉得烫，但实际损伤已经存在了。在接触到 65℃ 以上的热食、热饮的时候，食管黏膜就会有轻度灼伤。经常烫伤食道黏膜，就会引起食管黏膜的慢性炎症反应，增加食道癌变的风险。所以我们应该以饮用 50℃ 以下温热的茶汤为宜。

四、通过饮茶来实现茶中营养物质对人的预防保健功效就必须让茶汤在人体内保持一定的浓度。根据茶学前辈陈椽教授的研究，每人每日饮用干茶量最好不要低于 5 克。《黄帝内经》里说："天覆地载，万物悉备，莫贵于人。"世间万物，人是最宝贵的。又说："是

故圣人不治已病治未病，不治已乱治未乱……夫病已成而后药之，乱已成而后治之，譬犹渴而穿井，斗而铸兵，不亦晚乎？"圣人不治已发生的病而倡导未病先防；不治理已形成的动乱而注重在未乱之前的疏导。假如疾病形成以后再去治疗，动乱形成以后再去治理。这就好像口渴才去挖井，发生战争才去打造兵器，那不太晚了吗？所以我们要珍惜生命、注重养生，每天可饮用适量的茶汤防病于未然。

叔本华说："我们的幸福取决于我们的愉快情绪，而愉快情绪又取决于我们的身体状况。"全球化、工业化使得社会节奏加快。人生上半场牺牲健康换取财富，人生下半场尽量不要再用赚来的钱买健康了。所以，对自己、对家人最大的负责就是保持身体健康。可以拼尽全力，但千万别拼命。节奏，能慢就慢，至少学会短暂的独坐静处，让心放松一下。要合理饮食，要保持适量运动，要学会养生。养生是用来预防疾病的，是几千年来传统医学通过对自然和人体生命规律的体察、反思，进而获得的一门学问。不少人对"养生"两个字的理解还存在着偏差。养生和生病死亡是完全不同的两件事。在合理养生的情形下，生病、长寿与否是由父母赋予的基因等决定的，不能由此判断养生无用。

清代医家吴尚先说："七情之病，看花解闷，听曲消愁，有胜于服药者。"所以不管如何保健，心态平衡是关键。生活规律有节，和有趣的人在一起，喝好茶、喝淡茶、不喝烫茶，在我看来就是最好的养生。

PART 06 ———

茶 之 故 乡

是 中 华

　　跟几个朋友聊天，其中有一位朋友说起了茶树原产地的话题。他问，有人讲茶树的原产地有可能不在中国而是在印度，对吗？我告诉他这是不对的，茶树的原产地是在咱们中国。对茶树原产地的概念有些朋友还真是模糊。

　　在很长的一段时间里，很多人都认为茶树起源于印度，为什么会这么认为呢？首先是因为19世纪初英国入侵印度的时候，在印度发现了一些野生大茶树。印度后来成为英国殖民地，英国人就在印度开发茶区、生产茶叶。为了推销它的茶叶进而垄断全球茶叶成品市场，英国人就混淆视听高调宣传印度是茶的原产地。于是很多人就怀疑茶树的原产地不是中国，很可能是印度。其次，在20世纪的多数时间里，印度都是世界上茶叶出产量最多的国家，这也给人们造成了一种错觉，认为茶树的原产地是印度。进入现代，随着科技的发展，对茶树研究层次的深入，越来越多的证据陆续出现，都指向了中国是茶树原产地的这个事实。

　　来看看都有哪些证据能说明这个问题。

　　首先，我们看看历史上对茶树和茶叶的文字记载情况。唐代陆羽的《茶经》说："茶之为饮，发乎神农氏，闻于鲁周公。"这说的是上古时代跟茶有关的事，一直流传到现在。东晋常璩撰写的《华阳国志》里已经有了"武王伐纣，巴人献茶"的说法。周武王在公元前1046年联合当时在四川巴地的一些少数民族共同伐纣，当时巴蜀的民族首领就把茶作为贡品进献给了周武王。《华阳国志》记载："武王既克殷，以其宗姬于巴，爵之以子……丹漆茶蜜……皆纳贡之。"西周以后，《晏子春秋》《尔雅》《礼记》等书都对茶做了记录。茶在西周时是祭品，在春秋时用于菜食。

世界上最早有明确文字记载的种茶人是四川蒙顶山的吴理真。吴理真首开茶树的人工种植。《四川通志》说："汉时名山县西十五里的蒙山甘露寺祖师吴理真，修活民之行，种茶蒙顶。"吴理真其时种下七株茶树，清代《名山县志》说它们"迄今二千年不生不减"。西汉宣帝神爵三年（公元前59年），茶已经变成大众商品了。在四川资阳人王褒写的《僮约》中就出现了"脍鱼炰鳖，烹茶尽具""牵犬贩鹅，武阳买茶"的文字。"武阳买茶"的意思是说王褒让家里的佣人赶到邻县的武阳就是现在眉山市彭山地区去买茶叶。东汉华佗说"苦茶久食，益意思"。东汉许慎在其所著考究字源的字书《说文解字》里写道"茗，荼芽也"。

《三国志·吴书·韦曜》说："皓每飨宴，无不竟日，坐席无能否率以七升为限，虽不悉入口，皆浇灌取尽。曜素饮酒不过二升，初出礼异时，常为裁减，或密赐茶荈以当酒。"《晋书》说："桓温为扬州牧，性俭，每燕饮，唯下七奠柈茶果而已。"南朝《世说新语》说："任瞻，字育长，少时有令名。自过江失志，既下饮，问人云：'此为茶？为茗？'觉人有怪色，乃自申明云：'向问饮为热为冷耳？'"北朝《后魏录》说："琅琊王肃，仕南朝，好茗饮、莼羹。及还北地，又好羊肉、酪浆，人或问之：'茗何如酪？'肃曰：'茗不堪与酪为奴。'"《茶经》里也说"茶者，南方之嘉木也。一尺、二尺乃至数十尺；其巴山峡川有两人合抱者。"唐代的一尺大概相当于咱们今天的30厘米，10尺就是今天的3米，那数十尺呢，用现在的话来说，这么高的树应当是树王了吧。五代毛文锡《茶谱》记：

"扬州禅智寺，隋之故宫，寺枕蜀冈，有茶园，其味甘香，如蒙顶也。"宋元明清以降，书著记载茶事更多，耳熟能详的如宋徽宗赵佶的《大观茶论》、元代王祯的《农书》、明代许次纾的《茶疏》、清代陆廷灿的《续茶经》……不一一累述。仅从上面的这些文字记载，就不难看出咱们国家的茶树种植比印度早了数千年之久，同时也说明了中国是最早发现和利用茶叶的国家。

更引起轰动的是，1980 年在贵州发现了一颗茶籽化石，经过科研机构鉴定，确认它距今至少已经有 100 万年了。这是世界上迄今为止发现的最古老的茶籽化石。这是一个铁的实证，证明了中国是茶树的故乡。

另外从茶叶生物化学的角度也证实了茶树原产地是在中国。儿茶素是茶叶中的主要酚类物质，它是茶树新陈代谢的重要成分之一。科学家们通过将不同地区茶树的鲜叶做成绿茶，然后对这些不同地区茶叶中的儿茶素进行化学分析。结果发现云南、贵州的茶树中茶多酚的酯型儿茶素含量比例较低，其他地区茶树中茶多酚的酯型儿茶素含量比例较高。酯型儿茶素是一种复杂的儿茶素，它是在简单儿茶素的基础上进化而来的，也就是说，云贵茶树的新陈代谢很简单，其他地方茶树的新陈代谢已经比较复杂了。新陈代谢简单这个特征就说明了茶树的古老。所以从生物化学这个角度也证明了咱们中国是茶树的原产地。

从汉字"茶"的发音来讲，也能说明我们国家是茶树的原产地。事实是，世界上除中国外的所有国家，在古代都是不产茶的。它们最开始喝茶时用的茶叶，都是直接或者间接地由中国引入。在过去控制中国茶叶出口贸易的就是两拨人：一拨是广东人，一拨是厦门人。所以各国在与中国进行茶叶贸易的时候，"茶"字的发音要么是从广东发音"cha"，要么是从厦门发音"te"。结果，越南、土耳其、俄国、日本、葡萄牙等一些国家都随了广东发音；而意大利、西班牙、丹麦、德国、荷兰、英国、法国等国家随了厦门发音。这些都是有据可考的。

　　中国才是茶树的故乡，是世界上最早种植和利用茶叶的国家。就这么一片小小的树叶，它历经各朝各代，已经成了中国传统文化象征的符号之一。柴米油盐酱醋茶，琴棋书画诗酒茶；可清平可富贵，可出世亦可入世。我就想，要是能把上下五千年的中华文明绘成一本书，那在书的每一页中一定都能嗅到茶的芬芳。

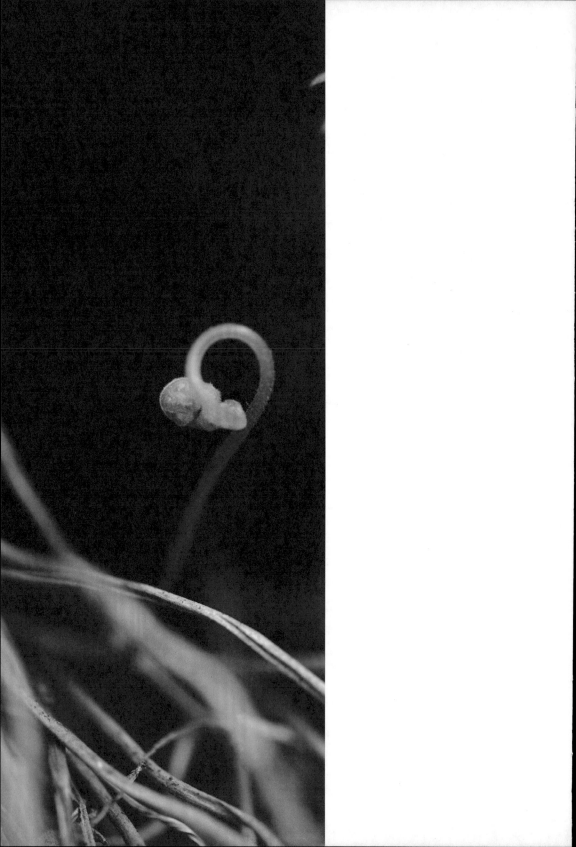

PART 07

茶之适制
各有异

　　在前面我们知道了中国是最早利用茶叶的国家，下面再来聊聊茶树的划分及适制茶叶方面的小知识。

　　我们知道，世界上有三大无酒精饮料，分别是茶、咖啡、可可。茶发源于中国，是大家早就习以为常的日用饮料，但生活中还有很多人对它存在着一些基本认知错误。有个朋友这样说，绿茶就是长在绿茶树上的、红茶就是长在红茶树上的，黑茶就是长在黑茶树上的……他这么说的意思是：有一种树，这种树的名字叫"绿茶树"，在那上面长满了树叶，从这棵"绿茶树"上摘下来的叶子，就叫绿茶，就是咱们喝的绿茶。还有一种树，这种树的名字叫"红茶树"，在那上面长满了树叶，从这棵"红茶树"上摘下来的叶子，就叫红茶，就是咱们喝的红茶……懂得相关茶知识的人听到这个说法，真是觉得可笑。那他为什么会这样认为呢？是因为这位朋友不了解茶树的划分方式和六大茶类的分类方法，故而如此。

　　先说茶树的划分。一般来讲，当我们对一类茶树进行描述的时候，是从四个不同方面的划分来进行组合描述的。

　　第一种划分方式是根据茶树的繁殖情况，分为茶树有性系品种与茶树无性系品种两类。

　　第二种划分方式是根据自然生长情况下茶树的高度和分枝状况将茶树分为：1.乔木型茶树。它有明显的主干，分枝部位高，通常树高在 3 米以上；2.灌木型茶树。茶树没有明显主干，分枝较密，树冠矮小，通常树高 1.5 米左右；3.小乔木型茶树，树高和分枝介于灌木型茶树与乔木型茶树之间，通常树高为 3 米左右。

第三种划分方式是以茶树成熟叶片的叶片面积来划分的。一般说来，茶树的成熟叶片面积小于 20 平方厘米的就叫小叶种茶树；成熟叶片面积在 20 ～ 40 平方厘米的，属于中叶种茶树；成熟叶片面积在 40 ～ 60 平方厘米的，属于大叶种茶树；成熟叶片面积在 60 平方厘米以上的叫特大叶种茶树。

第四种划分方式是按春茶萌芽的早晚来划分，分为特早生种、早生种、中生种、晚生种。

当我们对一棵茶树进行描述时，会用上面四个划分方法进行组合描述。比方说描述"迎霜"，就说它是茶树无性系品种，小乔木型，中叶类，早生种。描述"龙井"，说它是茶树有性系品种，灌木型，中叶类，中生种。

接着再来聊聊六大茶类是如何划分的。六大茶类就是绿茶、白茶、黄茶、青茶、红茶和黑茶。这六大茶类是依据茶叶加工方法及其所导致的茶树鲜叶中茶多酚的主要物质，即以儿茶素为主的黄烷醇类的氧化程度的不同来划分的。茶叶中存在着一种酶叫作多酚氧化酶。茶多酚和多酚氧化酶平时在茶叶内部是不碰面的，就像住在一个大院子的不同房间里。通过制茶工艺我们可以把房子之间的墙壁打开，让它俩相见。多酚氧化酶一碰上茶多酚就会发生酶促反应，促进茶多酚的氧化。黑茶特殊些，属于后发酵，它不是茶叶自身多酚氧化酶对茶多酚的氧化。黑茶通过杀青，钝化了鲜叶内的多酚氧化酶。接着经过渥堆环节，茶叶接触空气中菌群代谢产生的胞外酶并经由这些酶对茶多酚进行氧化。我们可以使用多种工艺对茶树鲜叶进行加工，工艺的不同，就导致了对茶多酚氧化程度的不同，进而划分出了六大茶类。

　　绿茶可不是长在一棵叫作"绿茶树"的树上的。而是说无论从哪一棵茶树上摘下来的鲜叶，通过不同的加工工艺都能制成白、绿、青、黄、红、黑六类茶。只是由于茶树品种及品质的差异，有的茶树品种只适合做一种茶，有的可以做两种或两种以上。比方说用云南的大叶种做成绿茶来喝，它就太酽、太苦涩，还是小叶种做绿茶好喝。武夷桐木关虽然以产红茶而驰名，但是用它那里的茶青来做白茶，依然非常好喝。刚刚接触茶的朋友把这些基本知识搞清楚，对茶的后期学习是很有帮助的。

PART 08

茶之名儿有几多

我们天天说"喝茶，喝茶"，这个茶叶的"茶"字从来不是作为茶的唯一称谓，自古至今的生产生活中，人们用很多名称来指代茶。

"千里不同风，百里不同俗"，一物多名的现象很普遍，茶也不例外。拿咱们常用的中草药举例，比方说用来祛风、清热、凉血解毒的虎耳草也叫耳朵红、老虎耳、石荷叶、金线吊芙蓉、金丝荷叶。既能补血又可活血的当归别名就有干归、西当归、岷当归、金当归、当归身、涵归尾、当归曲、土当归等。我们常吃的马铃薯，有的地方叫山药，有的地方叫土豆，有的地方叫地瓜，南方有的地方还管它叫洋芋。咱们中国的茶树自云贵一直分布到山东，几千年来，不同时期、不同地域的人们对茶的称呼各有不同。都有哪些呢？现在我就把一些常见的对茶的不同称呼一一道来。

荼：《诗经·邶风·谷风》写的"谁谓荼苦，其甘如荠"句中的"荼"字是不是指茶，学者们说法不一。东汉许慎在《说文解字》中说："荼，苦茶也。"

茗：春秋时期的《晏子春秋》中有"婴相齐景公时，食脱粟之食，炙三戈五卵茗菜耳"的记事文字。

槚：《尔雅》中有"槚，苦茶也"。

荈诧：西汉司马相如《凡将篇》里记录了十几味中药："乌啄，桔梗，芫华，款冬，贝母，木蘖，蒌，芩草，芍药，桂，漏芦，蜚廉，雚菌，荈诧，白敛，白芷，菖蒲，芒硝，莞椒，茱萸。"其中诧就是指茶，荈诧就是荈茶。西晋杜育的《荈赋》是中国茶叶史上第一篇完整记载茶叶从种植到品饮全过程的文字作品，里面写道："厥生荈草，弥谷被岗。承丰壤之滋润，受甘露之霄降。"

蔎：西汉辞赋家扬雄写过一本记录当时全国范围内各地语言资料的工具书《輶轩使者绝代语释别国方言》，这本书类似于《尔雅》，被誉为中国方言学史上第一部"悬之日月而不刊"的著作，它在世界方言学史上也具有重要的地位。秦朝以前，每年八月，政府就会派出"輶轩使者"（乘坐轻车的使者）到各地搜集方言，并记录整理，"考八方之风雅，通九州之异同，主海内之音韵，使人主居高堂知天下风俗也"，书中记录了蜀西南方言对茶的称谓："蜀西南人谓茶曰蔎。"

不夜侯：西晋张华在《博物志》中说："饮真茶令人少睡，故茶别称不夜侯，美其功也。"

水厄：南北朝时，水厄成为茶的代称。北魏杨衒之的《洛阳伽蓝记》中有个故事，肃初入国，不食羊肉及酪浆等物，常饭鲫鱼羹，渴

饮茗汁……给事中刘缟，慕肃之风，专习茗饮。彭城王谓缟曰："卿不慕王侯八珍，好苍头水厄，海上有逐臭之夫，里中有学颦之妇，以卿言之，即是也。" 意思是说王肃和大家饮食习惯不同，不吃羊肉，不喝酪浆，平时就吃鲫鱼羹，渴了就喝"茗汁"，就是喝茶。给事中刘缟很喜欢王的做派，学起了王肃，开始喝茶了。喝茶在那时候还是很小众的事，彭城王就逗他说："卿不慕王侯八珍，好苍头水厄。海上有逐臭之夫，里内有学颦之妇，就是指你这样的人。"

茶：唐朝茶圣陆羽在《茶经》中对茶的称呼记录有："其名，一曰茶，二曰槚，三曰蔎，四曰茗，五曰荈。"

涤烦子：唐朝施肩吾诗："茶为涤烦子，酒为忘忧君。"

瑞草魁：唐朝杜牧的《题茶山》中写道："山实东吴秀，茶称瑞草魁。"

金饼：对团、饼茶的称呼。唐代皮日休《茶中杂咏·茶焙》中记载："初能燥金饼，渐见干琼液。"

草中英：五代郑遨《茶诗》中曰："嫩芽香且灵，吴谓草中英。夜臼和烟捣，寒炉对雪烹。惟忧碧粉散，常见绿花生。最是堪珍重，能令睡思清。"

云腴：宋朝黄庭坚的《双井茶送子瞻》有云："我家江南摘云腴，落硙霏霏云不知。"

碧霞：元朝耶律楚材的《西域从王君玉乞茶因其韵七首》有云："红炉石鼎烹团月，一碗和香吸碧霞。"

白云英：明代朱谏的《寄茶与万学使》有云："雁顶新茶味更清，仙人摘下白云英。直须七碗通灵后，习习清风两腋生。"

乳茗：清姚鼐的《同秦澹初等游洪恩寺》中写道："明朝相忆皆千里，那易僧窗啜乳茗。"

　　最后再说一个关于"茶"字是由"荼"字演变过来的知识。中唐以前，对茶的书写基本是用"荼"字。但也偶有例外，比方说现藏于浙江湖州市博物馆，出土于湖州罗家村窑石敦砖墓室的东汉茶罐，罐肩上就刻着一个"茶"字。陈椽先生说，"荼"字首见于《六经》，西周初期著作的《诗经·豳风·七月》说："采荼薪樗，食我农夫。"到了中唐，饮茶已很普遍，广大群众对茶的认识显著提高，茶是木本植物，就把"禾"改为"木"，使文字与实物相符合。文字资料"茶"字首见于苏恭的《本草》。《唐本草》是唐高宗李治永徽中时期李劫等修编，显庆中，苏恭、长孙无忌等 22 人重加详注。自后不再写"荼"字，而都是写"茶"字。唐代宗李豫前至德宗李适年间，所有写在唐碑上的"茶"字都写为"荼"。如建中二年（781 年），徐浩写不空和尚碑的荼毗，贞元二十一年（805 年），吴通微写楚金禅师碑上的荼毗等，都是写"荼"字。至文宗李昂、武宗李炎、宣宗李忱时所立的唐碑上，"荼"字都变为"茶"字。除"茗"字至今偶然沿用外，其他所有代用字都早已不用。对于茶文化有兴趣的朋友对这个知识点应该记一下。

PART 09

茶之乱象

略述之

茶事乱象很多，说几个生活里常会遇到的情况，给大家提提醒。一是市场对百年老茶的炒作，二是小青柑茶，三是同种茶类滋味差异的比较，四是茶中果胶对胃病治疗的谬论。

先说老茶。多年前在福建安溪，我见过有人卖老茶的情形。他说，他爷爷年轻的时候，六几年，饿得不得了了，想吃点儿茶叶看能不能填饱肚子，就偷偷拿了一包厂里的铁观音回家。刚要吃，有人来找，顺手放在了木箱里，然后把这事忘了。几十年过去了，才想起这件事，打开一看，这个茶已经成老茶了。这是最传统的炭焙铁观音老茶，如丹似药，能治这病那病，有益身体健康，大家买吧，一万一斤。一聊老茶，满大街都是这种"我爷爷"的故事。现在很多人都把老茶说成灵丹妙药了，到处在炒作，真是有点儿让人听不下去了。

要想知道老茶是不是灵丹妙药，我们得先搞清茶这个农产品到底有什么预防保健作用？茶的预防保健作用又是由什么来决定的？明白了这些，无论谁再吹嘘老茶是仙丹妙药，我们自己就会做出能不能相信它的判断。茶不是神秘的东西，它同很多植物一样也是由化学物质组成的。那么茶里面都有什么呢？有咖啡碱、茶多酚、氨基酸、蛋白质、芳香物质、维生素……还有一些无机物。研究表明，在茶的众多化学成分中，有四种物质对预防保健起到主导作用：第一是咖啡碱，咖啡碱能够消食、镇痛、解热、利尿；第二是茶多酚，茶多酚可以抗氧化、抗辐射、减缓衰老；第三是茶多糖，茶多糖可用来降血糖，对糖尿病人有帮助；第四种是茶氨酸，它可以让人产生愉悦的心理感受并且提高人的记忆能力。唐代的卢仝就说"一碗喉吻润，两碗破孤闷"，"破孤闷"实际就是一种身心愉悦的感觉。

我们知道，当茶从一片新鲜树叶变为我们泡饮的茶叶的过程当中，是经过了炒青、焙火、烘干等种种制作环节，上面说的四种物质会在其间陆续挥发或减少。随着时间的推移，在茶叶的后期保存当中它们还会继续氧化挥发直至碳化。说到这里，我要讲一句，本书中的部分内容是针对市场上恶意炒作百年老茶为宝、为药、制售假老茶的行为而言的，并不是说一定年份下的老茶不好。老茶有老茶的特点，保存良好、依然具有饮用价值的老茶醇厚、温润、对人体刺激小，饮用后体感强，它与骗人的高价售卖的假老茶有本质上的不同。尤其是一些制作、出售发霉了的假老茶，这些茶会危害我们的健康。有人曾经遇到过一件事，有个茶界"大师"高价将假老茶卖给了他。一喝，腹泻，他就问怎么回事。"大师"当时就告诉他，没关系，这个是老

茶的药效在改变你的肠道环境。他听了很高兴，继续喝，直到被送去医院。弱智于此，奈何奈何！

任何茶都有一个最佳饮用的时间点，一旦过了这个拐点，茶的质量与口感都会逐日下滑。无限度的越陈越香，越老越宝，尤如皇帝新装。我遇到过保存良好、传承有序的百年老黑茶，它的叶片几乎都消失了，只剩下枝梗，已经没有什么滋味了。咱们喝茶的那些香味也没了，剩下的只是沉香，沉香不过是汉语意境下婉转的说法，其实就是干朽了的木头味道。再讲百年老茶是灵丹妙药，有人信吗？鲁迅先生讲过一句话："在中国，从道士听论道，从批评家听谈文，都令人毛孔痉挛，汗不敢出。然而这也许倒是中国的'永久不变的人性罢'。"

聊完老茶，再来说说小青柑茶。前些天去朋友家做客，一个小

侄女拿出小青柑茶请我喝，女孩边笑边说："伯伯，来一个'小心肝儿'吧。"孩子很可爱，可是我很焦虑，就跟她聊了聊小青柑茶。爱喝茶的朋友都能感觉得到，这两年茶叶市场一下子充斥了大量的小青柑茶。这些被热炒的小青柑就是青皮，它在中药应用上是一味连医生使用起来都很慎重的药材，但我们神州大地的茶人可以拿来随便喝，真是神奇！

有一个概念大家要知道，青皮可不是陈皮，《中华人民共和国药典》里面有着对二者的清晰界定：

青皮，本品为芸香科植物橘及其栽培变种的干燥幼果或未成熟果实的果皮。5～6月收集自落的幼果，晒干，习称"个青皮"；7～8月采收未成熟的果实，在果皮纵剖成四瓣至基部，除尽瓤瓣，晒干，习称"四花青皮"。

【性味与归经】苦、辛，温。归肝、胆、胃经。

【功能与主治】疏肝破气，消积化滞。用于胸胁胀痛，疝气疼痛，乳癖，乳痈，食积气滞，脘腹胀痛。

【贮藏】置阴凉干燥处。

陈皮，本品为芸香科植物橘及其栽培变种的干燥成熟果皮。采摘成熟果实，剥取果皮，晒干或低温干燥。

【性味与归经】苦、辛，温。归肺、脾经。

【功能与主治】理气健脾，燥湿化痰。用于脘腹胀满，食少吐泻，咳嗽痰多。

【贮藏】置阴凉干燥处。

可见，陈皮跟青皮完全是两种东西，功效截然不同。未成熟的橘皮，叫青皮。成熟后的橘皮，叫橘红皮，一般来讲橘红皮至少陈化三年，才可称为陈皮，方能入药。早在梁代，陶弘景的《名医别录》

里就对陈皮有了记载："陈皮疗气大胜，以东橘为好、西江者不如。须陈久者为良。"李时珍著的《本草纲目》里说："他药贵新。唯此（陈皮）贵陈。"清代医家许豫和的《怡堂散记》也说："陈皮需备广产，二三年者为上、新者气烈。"为什么需要陈放后才入药呢？明代李士材在《雷公炮制药性解》写道："收藏又复陈久，则多历梅夏而烈气全消，温中而无燥热之患，行气而无峻削之虞。"《药性赋新编》里说："辛烈之品，恰当地存放一定时间后，其辛烈之性有减，则药性较纯和而效尤尤佳。"综上可以看出，陈皮陈放日久的原因是为了消减它的辛燥之性。

我们再来看看中医书籍在用药上是如何书记青皮的。《本草经疏》警语："青皮，性最酷烈，削坚破滞是其所长，然误服之，立损人真气，为害不浅。凡欲施用，必与人参、术、芍药等补脾药同用，庶免遗患，必不可单行也。"性烈的青皮，在医生的药方里多用于理气，但它损人正气，对健康人来说是有害的。即便使用，也必须得跟其他的药配伍，不能独用。可怕的是，现在很多健康的人都在"误服之"。市场上售卖的青柑茶，竟有产品说明书建议把一整个小青柑戳几个小洞直接泡。每天泡一整个青皮，真能有益身体吗？一个简单的常识，凡是药，都有偏性。治病，说句大白话就是以毒攻毒。好好的人、健康的人、身体无任何异样的人干吗非要搞一些"小心肝儿"来喝呢？另外一个常识是，青皮保存需要干燥环境，而普洱茶因为自身转化的需要，得处在有一定湿度的环境中。大家想想，这么两种截然不同的东西放在一起般配吗？

由此我想起了法国社会学家，群体心理学的创始人古斯塔夫·勒庞在他那本著名的著述《乌合之众》中的话语："群体中的某个人对真相的第一次歪曲，是传染性暗示过程的起点……从他们成为群体一员之日始，博学之士便和白痴一起失去了观察能力。"勒庞的意思就是说，当个体融入群体的时候，那么个体的行为特征就很容易被构成该群体的新的行为特征所掩盖。"群体具有感性、盲目、易变、低智商化、情绪化、极端化等特点。且无论构成该群体的个人是多么高尚聪明，一旦进入群体，个人的这些品质将不复存在。并且通过暗示、断言等手段，群体完全可以被操控。"

喜欢茶的朋友们，大家不仅仅要找到健康的茶来喝，还需要学会健康地喝茶。喝茶是为了滋养自己而不是为了把健康喝没了。"小心肝儿"该不该喝自己掂量着来吧。

接着，聊聊同品种茶滋味的比较。友人小聚，其中有位相识不久的朋友说，同一款茶，同样的量、同样的水、同样的器具、同样的温度，同样的出水时间，昨天泡的茶挺好喝，今天怎么泡出来就不好喝了呢？是不是所谓的有什么气场影响了茶汤？

其实，泡茶是很简单的一件事情，不要搞得神秘化，它就是一个茶汤浓度的问题。上文说的泡茶条件不变的前提下，每次泡的茶出汤时候的浓度是一样的，那么茶的口感肯定是一样的。那为什么昨天好喝，今天却不好喝了呢？首先，排查身体有没有生病、上火。若身体无恙，那估计就是你吃了刺激性的食物，辣椒、臭豆腐或者抽烟喝酒了，这些刺激性的东西破坏了味蕾的敏感度，所以隔天喝同样的茶，味道不一样了。舌头上的味蕾是辨别滋味的感受器。人舌头上的黏膜若遇到比较强的刺激，这种刺激就会干扰味蕾的味觉功能，减弱味蕾的敏感性直至失灵，出现味觉障碍，后果就是让人食而不得其味。但也不要怕，味蕾可以自行修复，它的恢复周期一般是 10 ~ 14 天。就是这么简单的道理，不要把沏茶搞得神秘了。

有一次，姑父家的大表哥喝我的顶级正山小种红茶虞美人。过几天给我留言说："表弟，你的传统正山小种红茶很好喝，惊艳。但同样的量、同样的水、同样的器具、同样的温度，同样的出水时间，你的茶没有朋友送我的传统正山小种红茶汤水稠厚。"我问："送你的茶是哪个年份的，什么价格？"他回答："跟你的一样，都是 2019 年的，价格比你的茶每斤还便宜 300 元。"我不信。因为虞美人是什么茶我非常清楚。虞美人是国家自然保护区武夷山桐木关高海拔竹林里的野茶做的，那里是国内的顶级山场。虞美人一年的产量极有限，不会被卖到外面，因为这种茶在朋友们之间就消耗掉了。

我让表哥寄样品给我。收到一看，不是纯正桐木的小种红茶，是用本地茶和外面其他品种拼配的。这是不可比的两样东西，品种都不一样。我一喝，水是厚，但汤味杂，烟熏味也不对，不是纯净的桐木松香，估计是用江西一带或其他地方的松木熏的。我做了解释，并说："大哥啊，水厚就是正山小种了吗？！水仙的水更厚，能叫正山小种吗？评判标准错了。拼配茶的汤水比纯粹小叶种茶汤水稠厚，这没有什么奇怪，但它永远也不会有真正的传统正山小种那种金黄油亮的汤色和如吮薄荷糖般的清凉甘甜。"

我接着说："但这是好事儿，茶是喝明白的，不是聊明白的。同一个品种价格相近的茶，对比着喝，这个过程实际是一个有益的过程，这就是对茶的学习。别着急，慢慢来。见得多了，喝得多了，问得多了，经验积累的多了，也就懂了。

前些日子茶界朋友圈里经常见有人卖普洱茶，说十年左右的普洱生茶是养胃之王，老茶中的果胶可以形成黏膜附着在胃的创口上，粘黏体内毒素，治疗胃溃疡，适于胃病患者饮用。真是胡说八道！茶里面含有的咖啡碱会对胃造成刺激，咖啡碱能促使胃活动增加。胃蠕动加快，胃壁细胞分泌亢进，胃酸增多，对胃黏膜刺激加强，从而导致溃疡。患有胃病的人是不适合饮茶的，这是基本常识。

再说说果胶。果胶物质是植物细胞壁成分之一，就在相邻细胞壁间的胞间层里边，起着将细胞粘在一起的作用。在茶叶里，原果胶构成了茶树叶细胞的中胶层。茶叶在加工过程中，果胶物质水解形成水溶性果胶素及半乳糖、阿拉伯糖等物质。这些物质参与构成了茶汤的滋味，对茶汤的黏稠度、茶叶条索的紧结度和外观的油润度都起着重要作用。它和治疗胃病没有任何关系。如果一定要牵强地把"果胶"这个词汇跟胃病建立起联系，临床上倒是真有一种带有"果胶"字眼的药物——胶体果胶铋胶囊。这个胶囊还真是可以治疗消化性溃疡，特别是与幽门螺旋杆菌相关性溃疡，也能治疗慢性浅表性胃炎和慢性萎缩性胃炎。在国家药典里，胶体果胶铋胶囊被标记为"胃黏膜用药"。但这是一种果胶与铋生成的组成不定的复合物。铋是一种金

属，这种治疗胃病的药与茶里的果胶可是牛马风不相及的，是典型的偷换概念，混淆视听。以后再有人把茶当作胃药卖给你的时候，一定要了解清楚，这个茶是不是属于非处方药。如果是，就不要着急买，多选几家看看性价比再说，随时都能下单拿药。如果不是，那就要求卖茶的开个处方，在其指导下购买。

知识的透明、学科的专通、互联网的成熟、物联网的发展，促使三到五年内，茶行业迎来大洗牌，抓紧学习方是正途。对于茶的学习，需要的是知识体系，需要的是不神不玄。《大学》里说，"大学之道，在明明德，在亲民，在止于至善"。从生活中来，到生活中去，道理是一样的。道，不在诗与远方，在人间烟火里。

喝茶是生活中一件轻松、享受而又健康的事情，不用把它搞复杂了。喝茶不需刻意去懂，喜欢就好，觉得好喝就行。不懂茶，并不影响一个人体验一泡好茶给自己带来的乐趣。喝茶的好处在哪儿呢？单就说平常日子里，高兴的时候，喝一泡，庆祝一下；难过的时候，喝一泡，安慰一下；无聊的时候，喝一泡，开心一下；生气的时候，喝一泡，平静一下。在茶中喝出健康，饮出愉悦，就是真谛。

习茶事，尽人事，从某个角度看，人还活在当下，实在是侥幸，过去了的才是人生，所以，要善待生活。生活这个家伙有心眼儿，会算计。哪个爱它，哪个不爱它；谁个对它好，谁个负了它，都门儿清。好好对它吧，某天的某个恰当时刻，它准会悄悄回报给你该有的温柔。

PART 10

茶之学习
贵有恒

一位刚刚开始喜欢茶，交了学费去习茶的小茶友问我："听别人讲身体会发出能量来影响茶汤，让汤水变得好喝。真有这么神奇的事吗？"我说："这个是不对的。同样的茶，沏茶的方法相同，如果感觉到这次比那次的茶汤滋味发生了变化，那一定是自己的情绪或体质有了变化，进而影响到身体对茶汤的敏感程度，而不是茶汤本身发生了变化。"

前些年是气功"大师"显圣被戳穿，这些年是茶界"大师"用心、用真气沏茶，需要止语，需要打坐，需要默念才能沏出好喝的茶。真的很搞笑。同一款茶，香不香是温度问题，高温扬香；适不适口是浓度问题，五味调和。这是基本的物理常识。学茶要有侧重，先得搞明白各种茶背后的原理是什么，它们都有哪些共性规律，这是重点。只有把这些搞明白了，才能在布满荆棘的习茶路上让自己岿然不动。

小茶友点头称是，并感慨自己差点被忽悠。

红尘滚滚，人世繁杂。抱着一颗执着心，交了钱去习茶，你对人真诚，却被人骗。但记住，别记恨，现在明白了就不晚。那人得了钱，却输了良心。成长的路上难免遇到委屈和伤害，不要耿耿于怀，要泰然处之。即使有人朝你扔了石头，也不要扔回去，把它留下，当作自己建高楼的基石。心的宽度，不在遇到了多少事，而在包容了多少事；眼的境界，不在看清了多少事，而在看轻了多少事。寒山问拾得："世间谤我、欺我、辱我、笑我、轻我、贱我、恶我、骗我、如何处治乎？"拾得说："只是忍他、让他、由他、避他、耐他、敬他、不要理他，再过几年你且看他！"

　　人之相处贵在真，情之相处贵在心；春来花自红，秋至叶飘零。这辈子并不长，下辈子未必会遇见。古今有多远？谈笑之间。生死有多远？一瞬之间。心与心的隔阂有多远？秒速五厘米。喜欢木心先生的话："记得早先少年时，大家诚诚恳恳，说一句，是一句。清早上火车站，长街黑暗无行人，卖豆浆的小店冒着热气。从前的日色变得慢，车、马、邮件都慢，一生只够爱一个人。从前的锁也好看，钥匙精美有样子，你锁了，人家就懂了。"真，是一天一天换回来的；心，是一点一点处出来的。老话说："人心换人心，八两换半斤。"一些人，走着走着就进了心里；一些人，走着走着就淡出视线。与你有缘的，不要放手；跟你没缘的，拔腿就走。这些人是体会不到那些人之间的相处会有多么美好，就像尼采说的："那些听不见音乐的人，认为那些跳舞的人疯了。"

茶路无尽，在习茶路上，每个人都会遇到这样或那样的问题，这就需要我们查资料、找文献、询师友。但有一个常见问题，处理不好可能会影响人际关系，得不偿失，大家尤其要注意。比如，有些茶友在一起喝茶的时候，由于对一款茶的认知意见相左，常常辩得面红耳赤，甚至发生龃龉。遇到此类情况该怎么办？我提个建议供大家参考。不偏不倚地讲，不管是谁，当跟茶友在茶知识方面发生争执时，要先问自己三个问题：第一，我自己有没有去茶场实地采过这个茶；第二，我有没有亲自参与过制作此茶的经历；第三，我参与制作这个茶时的工艺流程是不是正确。如果没有，停止争论，微笑，换话题，或回家睡觉。

如果三个问题的答案都是"有"，那么，可以耐心地跟朋友去解释这个问题。解释后，如果他还不同意你的观点，那我认为，不要解释了，因为再讲下去也没有任何意义。两千多年前，庄子已经把这个道理说得很清楚了。在《庄子·外篇·秋水》里，庄周说："井蛙不可以语于海者，拘于虚也；夏虫不可以语于冰者，笃于时也。"很多时候，并不是需要把所有道理都要跟人家讲清楚的，因为这取决于你所面对的对象是不是可以"语"。跟一只在井底的青蛙去谈辽阔的天空，那是没有任何意义的。倘若是一只生长在夏天的虫儿，我们去跟它言冰，它怎么会知道冰是什么东西呢？两千多年以后，有一位相声演员把这事说得更透。他说，内行要是去和外行辩论，那就是外行。在台上他跟搭档聊嫦娥二号火箭点火发射升空的事，说火箭飞上天干吗去呢，探索月球的空间、环境、各种化学元素。他说："火箭底下应该放劈柴、煤球，拿火柴'呲儿'一点，点着了再拿扇子扇，'嘭'的一声，火箭发射出去了。然后我对火箭科学家说：'您那火箭不行，燃料不好。我认为得选精煤，水洗煤不好。'这科学家要是拿正眼看我一眼，那都算他输了。"

所以，不要解释了，自己心里明白就行了。再解释，恐怕就要陷入僵持甚至出现反目态势了。要知道，世界上没有任何一种性格的人能避免得罪人，说话耿直的会得罪婉约的，极端的会让客观的不舒服，脾气急的会跟慢条斯理的杠上，不拘小节的会碰撞彬彬有礼的，激进的会得罪守旧的……要懂得，在这个世界上，每个人都是合理的存在。所以，随圆就方，在最大程度上宽容别人，在最大程度上忠于自己，就够了。

记不清是哪一年的一个晚上了，那时候的北京还没有如此多的高楼大厦和亮得刺眼的夜火。在东四十条一个茶友家的茶席上，几个朋友分成两派，对一个茶品产生了激烈争论，有的人甚至做摩拳擦掌之势。唯独我的一个老茶友在整个过程中一声不吭，只是微笑着看着争论的双方。散席后是晚上十点多了，我们两人回家同路，并肩走在胡同的小道上。我说："你这家伙可够圆滑的，揣着一肚子明白，任谁都不得罪，刚才为什么不发表意见呢？"他的回答让我至今难忘，他当时仰着头，抬起胳膊，伸出右手，向上指了指布满星斗的夜空，笑着对我说了这么一句话："不敢高声语，恐惊天上人。"一室品茗，臻此境界，品性自显。

生活中有一些人在一种不自知的错误逻辑下成长，短浅、固执、自以为是。以为说服了谁，超越了谁，自己就很牛。衡量一个真正牛人的标准，不是看他搞定了多少人，而是去看他帮助了多少人。有愿望去帮助别人，这是德；帮助到了别人，这是能。有德、有能的才是牛人。内心充满欢喜，才能把欢喜给别人；内心蕴藏慈悲，才能把慈悲给别人。自己有财，才能舍财；自己有道，方可舍道。星云大师说，舍，于人是慈悲，于己得精进。以舍为得，无处不春风。

　　负暄读书。瀹一泡三坑两涧的上好武夷正岩茶——慧苑坑古井老枞水仙。汤水黏稠细滑，甘醇，枞味满口。微微的口挂清凉，淡淡的兰香且香气过喉。这才是有模有样的"岩骨花香"。不管工作多忙、家事多寡，喝茶与读书对我来说始终是极大的喜悦，这份喜悦任谁都夺不走。一生中永远不会和你分手的人，就是你自己。在照顾好家人的同时，也要让自己充实快乐。人这一辈子，读书学习真是重要。古语讲，书中自有颜如玉，书中自有黄金屋；毛主席说，三天不学习，赶不上刘少奇。习茶亦然。茶路漫漫，需勤勉，亦需耐心。《长歌行》里写道："青青园中葵，朝露待日晞。阳春布德泽，万物生光辉。常恐秋节至，焜黄华叶衰。百川东到海，何时复西归？少壮不努力，老大徒伤悲。"时间流逝，方懂"功不唐捐"。所有的学习都不会浪费，总会有用到的时候。天底下没有白走过的路，走通的、没走通的，都是收获。有人总是习惯拿"顺其自然"来敷衍习茶路上的荆棘坎坷，但他哪里懂得，真正的顺其自然是竭尽所能之后的不强求，而非两手一摊的不作为。

世事，如人饮水，冷暖自知。不要纠结于别人的评说，按照自己舒服的感觉生活。没人能一手把你拽进天堂，也没人能一脚把你踹入地狱。人生中的乐与悲是自己的内心感受。当你能够超越自己的狭隘时，就会觉得处处天堂；若囿于此，哪里都是地狱。生活中的风景就看你怎么去努力，怎么去营造。幸福，不在别人眼里，在你自己心里。我们要感恩四种人：生病照顾你的人，跌倒扶起你的人，把口罩分给你的人，送好茶给你喝的人。

晨阳透窗，光影疏落于桌面，讲不出的惬意。想起了清代周希陶写的《重订增广》里的那句话："有书真富贵，无事小神仙。"

安然学习，堪比阳光，无一刻不明媚。

PART 11

不揉不炒

是白茶

1. 白茶二字出《茶经》

　　"白茶"二字,从文字资料里看,最早出现在唐代陆羽《茶经·七之事》篇引《永嘉图经》言"永嘉县东三百里有白茶山"之句。后来陈椽教授在《茶叶通史》里说,此句应为"永嘉县南三百里",因为永嘉县向东 300 里是大海,向南 300 里是福建的福鼎,"东"是"南"的笔误。那么"永嘉县东三百里有白茶山"之句,到底是笔误,还是正确的呢?

　　目前对这个问题,有三种观点。第一种观点认为"东"是"南"之误。第二种观点认为"东"是"西"的笔误,认为这里记载的是安吉白茶。第三种观点则认为陆羽此文不是笔误。当代茶圣吴觉农先生在《茶经述评》里说:"永嘉县境内的雁荡山,很早以前就以产茶闻名。据清代劳大舆《瓯江逸志》说,雁山(即雁荡山)茶,一枪一旗而色白的,叫作明茶。白茶山是否就是出白色明茶的雁荡山,有待考证。"浙江的黄向永先生,曾经写过一篇文章,叫《永嘉县东三百里有白茶山考》,文章用充分的文献资料及使用唐代度制进行测算,论述了陆羽"永嘉县东三百里有白茶山"之句没有任何笔误,是正确的。白茶山指的是乐清雁荡山,有兴趣的朋友可以找此文一观。

　　雁山茶始于晋唐,闻于宋,传于明清,传承千年。隆庆《乐清县志》说:"乐成(今乐清)产茶始于东晋永和年间。"距今已有 1600 多年的历史,是温州地区最早产茶地 。《唐书·食货志》已有乐成产茶记载。北宋诗人梅尧臣诗《颖公遗碧霄峰茗》："到山春已晚，何更有新茶。峰顶应多雨，天寒始发芽。采时林狖静，蒸处石泉嘉。持作衣囊秘，分来五柳家。"这是现在看到的描写雁荡山最早的茶诗，说明北宋初期雁荡山碧霄峰等多处山顶已种植茶叶。明代乐清学者朱谏的《寄茶与万学使》："雁顶新茶味更清，仙人摘下白云英。直须七碗通灵后，习习清风两腋生。"清人蔡家挺的《龙湫背采茶诗》："野人导我上峰巅，已讶栽茶定有仙……白云满袖香先异，绿雪盈筐色可怜。"这些诗文说明了雁荡山顶茶树的奇异品质，其中的"白云英""白云""绿雪"都是对雁荡茶具有色"白"特征的反映。

明代朱谏的《雁山志》里说："浙东多茶品，而雁山者称最。每春采摘茶芽进贡，一枪一旗而白色者，名曰明茶，谷雨采者名曰雨茶，此上品也。"清代劳大舆《瓯江逸志》说："浙东多茶品，雁山者称第一，每岁谷雨前三日，采摘茶芽进贡。一枪二旗而白毛者，名曰明茶。谷雨日采者名雨茶。"又说："雁山五珍之龙湫茶即明茶。"

《瓯江逸志》的内容与朱谏的《雁山志》基本相同，详细地指出了龙湫白云茶的采摘时间、采摘标准，茶品白色、白毛的特点。

有朋友可能要问了，不要只说别人的观点了，你对这三种观点是怎么看的呢？坦率地讲，我赞同黄向永先生的观点。为什么呢？我有我的理由。

首先，黄先生已经很详实地论证了"东"不是"西"与"南"的笔误。接着我再补充一个理由，陆羽生活在唐朝，他写《茶经》的时候是离《永嘉图经》写成时最近的年代。也就是说，他那时候有可能看到原书或最贴近原书时间的文字资料，所以从这一点来说，陆羽写的书应该是不会有笔误的。退一步讲，即使陆羽笔误了，那么大家想一下陆羽身边都是些什么人，有亦师亦友的诗僧皎然。皎然是中国茶文化、茶道之祖。有颜真卿，谁不知道楷书四大家"欧柳颜赵"。还有官居中左拾遗的皇甫冉这样的诗人，李萼这样的名臣。这些人经常跟陆羽在一起品茗叙话。常理下，陆羽的《茶经》原稿一定会经过这些好朋友观看的，难道这些人也没看出来吗？再退一步说，就算这些人没看或没看出来，那么自唐代一直到清代，历代都有诸多茶学大家，像《煎茶水记》的作者张又新、《采茶录》的作者温庭筠、《茶录》的作者蔡襄、《东溪试茶录》的作者宋子安、《茶谱》的作者朱权、《煮泉小品》的作者田艺蘅、《茶疏》的作者许然明、《茶笺》的作者闻龙等，尤其是田艺蘅、许然明、闻龙都是江浙一带的人，对本省地理应该相当熟悉。作为茶人，他们不可能不研究陆羽的《茶经》。再退一步，宋、清两朝考据学鼎盛，难道那么多考据大家也没发现陆羽的笔误吗？我觉得从道理上是讲不通的。

聊白茶，咱们得先明确两个概念，不能把它们混淆。第一个概念是一些古书上说的白茶，这是一个品种概念，是指茶树的树叶白化了。第二个概念就是我们今天要聊的白茶，这是一个制茶工艺的概念。

茶树品种概念指的是什么呢？说的是某个茶树品种，这个品种有个特点，它的叶子会微黄发白。比如安吉白茶，它的叶子颜色发白，这种白色是一种明显的叶绿素缺失突变的结果。早春，在茶芽刚萌发的时候，因为温度低，叶绿素的合成被阻断，所以就出现了呈白色的芽叶。在清明前萌发的嫩芽为嫩白偏黄。在谷雨前，色渐淡，多数呈玉白色。谷雨后至夏至前，逐渐转为白绿相间。夏至后，芽叶恢复为全绿，跟一般绿茶的颜色就没多大区别了。

古代文献上有这方面的记载。比方说约成书于宋治平元年（1064年）的茶书《东溪试茶录》里，作者宋子安在书中写道："茶之名有七：一曰白叶茶，民间大重，出于近岁，园焙时有之。地不以山川远近，发不以社之先后，芽叶如纸，民间以为茶瑞，取其第一者为斗茶，而气味殊薄，非食茶之比。"约成书于宋大观年间的《大观茶

论》记载的更为详尽。宋徽宗赵佶在《大观茶论》里写道"白茶,自为一种,与常茶不同,其条敷阐,其叶莹薄。崖林之间偶然生出,盖非人力所可致。正焙之有者不过四五家,(生者)不过一、二株,所造止于二、三胯而已。芽英不多,尤难蒸焙,汤火一失,则已变而为常品。须制造精微,运度得宜,则表里昭澈,如玉之在璞,他无与伦也。浅焙亦有之,但品格不及。""芽叶如纸""其叶莹薄",这两处记载,说出了白叶茶的特点,但它们属于蒸青绿茶,不是咱们即将聊的白茶的概念,可别搞混了。今天咱们说的白茶是指茶叶六大分类当中的白茶,也就是经过萎凋、不炒不揉、用干燥工艺制成的茶——白茶。

2. 白茶自古就有之

白茶是六大茶类中最早出现的茶类。远在周朝,政府就开始设立管茶的官员了。当时的茶叶主要是作为祭祀用,可以想见,那时候祭祀用的东西随时要取,随时要用,那么它必定是晾晒干的,如果不是干叶,必然不能随时取用。其实那个时候的茶就是最天然的,不揉不炒、自然晾晒而干,已经似于现在的白茶了。四川资阳人王褒在西汉宣帝神爵三年(公元前59年)写的《僮约》中里有"武阳买茶"之语。这个茶指的也是自然晒干的茶叶,不可能是鲜叶。茶叶能集中到市场去卖,一定得晒干才行,否则就会腐烂无用。武阳的茶应该就是白茶。

三国魏时张揖撰写的《广雅》记载:"荆巴间采茶作饼,成以米膏出之,若饮先炙令色赤,捣末置瓷器中,以汤浇覆之,用姜葱芼之。"说明那时不单有散茶,还有用米汤掺和着茶叶一起做成的饼

茶。喝时要把茶饼炙烤一下，捣成茶末后放入瓷碗中，然后冲入开
水，再加上葱、姜等调料一起饮用。那为什么要"成以米膏出之"
呢？这就说明了那时候的茶肯定不是蒸青的，是晒干的茶。如果是
蒸青的茶，经过热气熏蒸，茶叶中必然流出茶汁。果胶之类的黏
性东西也会部分分离出来，这样就可以把茶做成团状或者饼状了。
而这里说"成以米膏出之"，通俗地讲，是当时人们把米膏当成了
糨糊，把这些晒干的茶叶粘在了一起，所以这些茶必然是晒干的白
茶。隋代陆法言《广韵》里也说："茶，春藏叶可以为饮。"可见
那时候人们也是把茶的鲜叶晒干或烤干后收藏起来饮用。当然在以
上历史期间也会存在煮食茶的鲜叶的情况，但这不属于白茶的范
畴，就不做讨论了。

　　文献上最早明确记载茶叶的蒸青制法是在唐代出现的。唐代孟诜《食疗本草》写道："又茶主下气，除好睡，消宿食，茶，当日成者良。蒸、捣经宿，用陈故者……"这是目前能看到的最早的有关蒸青绿茶制法的记录。陆羽《茶经·三之造》也说："晴，采之。蒸之，捣之，拍之，焙之，穿之，封之，茶之干矣。"所以在唐之前的干茶或饼茶基本都属于白茶之态，而无蒸青绿茶。另外有一种说法，在秦汉以前的巴蜀地区可能已经出现了原始炒青或蒸青绿茶。只能说有两种可能：一种可能是这些工艺确实在上述区域出现了，但由于所处的地理位置闭塞或其他原因未能传而广之；另一种可能就是这种情况仅是一种假设。到目前为止，笔者还未看到有关于此的任何确凿的文字记录。

唐起，绿茶大盛，白茶少用。至明代，江浙一带的茶家开始对生晒白茶有了文字记载，如明代田艺蘅《煮泉小品》中记："芽茶以火作者为次，生晒者为上，亦更近自然，且断烟火气耳。况作人手器不洁，火候失宜，皆能损其香色也。生晒茶瀹之瓯中，则旗枪舒畅，清翠鲜明，尤为可爱。"高濂在《遵生八笺》里亦写道："茶以日晒者佳甚，青翠香洁，更胜火妙多矣。"这些文字传达出一个信息，有意识的制作白茶及白茶工艺的定型极可能源于江浙地区。

现代白茶的兴盛还要从 17 世纪的英国说起。在英国茶叶史上具有划时代的年份是 1662 年。那一年，葡萄牙公主凯瑟琳嫁给了英王查理二世。凯瑟琳公主人称"饮茶皇后"，她当时的嫁妆里就包括精美的中国茶具和几箱子正山小种红茶。上有所好，下必效之。皇后热爱品茗的习惯，引得贵族们争相效仿，掀起了争饮中国红茶的风潮。整个上流社会对中国茶趋之若鹜，英国也成为中国茶叶出口最大的市场。在此后 100 多年里的现实情况是，大量的英国白银流向中国。终于，1840 年爆发了第一次鸦片战争，这次战争以中国失败而告终，随之诞生了中国历史上第一个不平等条约《南京条约》，其后又签订了《中英五口通商章程》，中国闭关锁国的大门被打开了。

获得胜利的英国人变得更加贪婪，他们急切地想要掌握中国茶叶种植、制作的核心技术，进而独霸全球茶叶市场。因此在 1848 年派出了植物学家罗伯特·福特尼来到中国，窃取中国的茶种跟制茶技术。这个家伙偷雇了 8 名制茶技师，"并从衢州和浙江的其他地区成功地采集到了茶树种子。他还从宁波地区、舟山和武夷山采集了标本，负责将 23892 棵幼株及大约 17000 棵幼苗运到喜马拉雅山山脚下"（托比·马斯格雷夫《植物猎人》）。不久以后，就是印度、斯里兰卡的大批茶园出现，廉价的种茶成本使得国际茶叶价格大跌，福

建生产的红茶价格毫无竞争力。在国内，1875 年，皖籍的福建小吏余干臣离开公门还乡，将福建红茶的制法带到了安徽祁门，制作出了祁门红茶，祁红的出现又挤占了不少闽红的国内市场空间。

如此大的市场压力使当时的福建茶农与茶商们忧心忡忡，因为福建是红茶的发源与繁荣之地，那时候茶农赖以为生的产品就是红茶。这在《福鼎县乡土志·商务表》中可一见端倪："白、红、绿三宗，白茶岁二千箱有奇，红茶岁两万箱有奇，俱由船运福州销售。绿茶岁三千零担，水陆并运，销福州三分之一，上海三分之二。红茶粗者亦有远销上海。"红茶的滞销促使他们开始思考对策，终于决定以白茶来打开出口市场，拳头产品就是白毫银针。对此《政和县志》有相关记载："清咸、同年菜茶（小茶）最盛，均制红茶，以销外洋，嗣后逐渐衰弱，邑人改植大白茶。"

白毫银针鲜美的滋味倾倒了大批茶客，临近的福州、厦门的出口口岸又为它的运输提供了极大便利。于是白茶大量出口东南亚，使得福建茶商扭转了经营窘境，历史上称这类白茶为"侨销茶"，白茶的振兴是在红茶出口处于窘境的历史条件下发生的。

3. 福鼎政和称双雄

我国白茶的主要产区在福建省的福鼎、政和两地。

白茶加工工艺简单，由萎凋、干燥两个工序组成。萎凋于白茶来讲是极其重要的环节。萎凋中，多酚类物质轻微、缓慢氧化；叶绿素在酶促作用下分解，向脱镁叶绿素转化，使白茶外观现暗灰橄榄色；淀粉水解为单糖与双糖，果胶水解为半乳糖及甲醇。叶片内的氨基酸含量在萎凋 72 小时后达到峰值，氨基酸的高积累对于提高白茶滋味的

鲜爽度及后期干燥时香气物质的产生奠定了基础。由此可见，萎凋时间的把握对于高品质白茶的形成至关重要。后期干燥环节，在高温作用下茶中低沸点的带有青草气的醇、醛类成分挥发、异构；氨基酸、糖类、多酚类物质相互作用形成新的香气。儿茶素类异构化，使得茶汤苦涩味减少而趋于清醇。白茶还有一个特点，用相同茶青制作六大茶类，在加工过程中白茶生成的黄酮含量成倍高于其他茶类。

制作白茶的茶树品种分为大白茶树、小白茶树及水仙茶树。大白茶树包括福鼎大白茶（小乔木，中叶类，早生种）、福鼎大毫茶（小乔木，大叶类，早生种）、政和大白茶（小乔木，大叶类，晚生种）、福安大白茶（小乔木，大叶类，早生种）。

福鼎大白茶树是咸丰七年（1857年）福鼎点头镇柏柳村的茶商陈焕在太姥山中发现了福鼎大白茶母树也就是古茶"绿雪芽"，将其繁育成功并推广种植的。福鼎大毫是光绪六年（1880年）点头镇汪家洋村的茶农们培植出的另一茶树良种。政和大白茶树是光绪六年（1880年）在政和东城十余里外的铁山镇发现并被培植推广的。福安大白茶原产福建福安穆阳乡，是在1964年开展群众性的茶树良种调查选育工作时挖掘出来的地方良种。小白茶树即群体种菜茶。水仙茶树就是咱们平常总说的"水吉水仙"或"武夷水仙"，它是国家茶树良种"华茶9号"。据茶学前辈庄晚芳等人在《中国名茶》中的介绍，建阳、建瓯一带在1000年前就已经存在像水仙这样的品种了，但人工栽培只有300年左右的历史。大约是在康熙年间，于现在的福建建阳小湖乡大湖村发现了这种茶树，采用压条繁殖成功，随后就在水吉、建瓯、武夷山一代繁殖开来。道光年间的《瓯宁县志》载："水仙茶出禾义里大湖之大山坪。其地有岩叉山，山上有祝桃仙洞。西乾厂某甲，业茶，樵采于山，偶到洞前，得一木似茶而香，遂移栽园中，及

长采下，用造茶法制之，果奇香为诸茶冠。但开花不结籽。初用插木法，所传甚难。后因墙倾，将茶压倒发根，始悟压茶之法，获大发达。流通各县，而西乾之母茶至今犹存，固一奇也。"

白毫银针和白牡丹，采自大白茶树或水仙茶树。

白毫银针，原料取自鲜叶茶芽，形状似针，白毫密披，色白如银，因此命名为白毫银针。人们约定俗成地把政和生产的白毫银针叫南路银针，福鼎生产的白毫银针叫作北路银针。福鼎生产的白毫银针来自福鼎大白茶，福鼎大毫茶就是众所周知的"华茶1号"和"华茶2号"。政和生产的白毫银针来自政和大白茶、福安大白茶。福鼎白毫银针，满披白毫，外表呈现白绿色，滋味清爽鲜美。政和白毫银针毫略薄，光泽不如福鼎银针，外表呈现灰绿色，鲜爽度稍逊福鼎银针但味道却更醇厚。

白牡丹外形芽叶连枝，一芽一叶或一芽两叶，叶态自然，似牡丹花苞初放，故称白牡丹。汤水中毫香显露，滋味鲜醇甘爽。白牡丹最开始是在水吉创制出来的，最早的白牡丹叫作"水仙白"。"水仙白"是由采自水仙茶树品种的一芽二叶或一芽三叶初展的幼嫩芽梢制成的白牡丹。

贡眉形似白牡丹，但形体偏瘦小，品质次于白牡丹但又高于寿眉，是由群体种茶树（小白茶）的嫩梢为原料制作加工而来，寿眉则是以大白茶、水仙或群体种茶树品种的嫩梢或叶片为原料制作加工而来。

另有一种新工艺白茶，是 20 世纪 60 年代福鼎为适应港澳市场需求而开发出来的。与传统白茶制法不同的地方是，新工艺白茶在原有工艺基础上增加了轻揉捻工序。工艺流程为：萎凋、轻揉、干燥、拣剔、过筛、打堆、烘焙、装箱。这种茶清香味浓，汤色橙红；叶底色泽青灰带黄，筋脉带红。

采摘时间上，白茶产区茶季一般分春、夏和秋三季。春茶于清明前后采，夏茶自芒种到小暑，秋茶采自大暑到处暑前。三季以春茶为最佳，银针和高级白牡丹原料只在春季采制，其他产品原料在各茶季都能采制。

这些天写文章的时候，我都是边写边喝，把白茶品种喝了个遍，文章写得顺手，是不是应了华佗说的"苦茶久食，益意思"呀？久食归久食，但一定要把握好量跟度，要喝好茶，喝淡茶，不喝烫茶。福鼎说："世界白茶在中国，中国白茶在福鼎。"政和白茶表示不服："政和白茶，中国味道。"我说："大道至简是白茶。福鼎、政和，八仙过海各显神通，携手共创中国白茶的美好明天。"

PART 12

汤鲜叶美

看绿茶

1、狮峰山下话龙井

绿茶是中国茶品种中产量很大的茶类。六大茶类里绿茶的外观最漂亮，尤其它鲜美的滋味更是爽口宜人。绿茶的茶氨酸含量相较其他茶类是很高的，茶氨酸是氨基酸的一种，它能给我们带来精神上的愉悦。唐代卢仝的《七碗茶诗》讲茶能"二碗破孤闷"，这正是茶氨酸作用于大脑后让我们产生愉悦情绪的表现。

绿茶在杀青环节钝化了鲜叶内的多酚氧化酶，不氧化，故而保留了茶中所有的滋味，为味之全。从这个意义上讲，绿茶是所有茶类的基础。绿茶干茶绿，叶底绿，茶汤绿。早春高品质绿茶的茶汤是淡白中现黄绿。早春的茶树鲜叶氨基酸含量高，呈黄绿色，这一点早已被细心的古人观察到了。元诗四大家之一的虞伯生在他的《游龙井》一诗里说："徘徊龙井上，云气起晴昼。澄公爱客至，取水挹幽窦。坐我檐葡中，余香不闻嗅。但见瓢中清，翠影落群岫。烹煎黄金芽，不取谷雨后。同来二三子，三咽不忍漱。"诗中所述"黄金芽"即是早春高品质绿茶的特征之一。

制作绿茶时，茶青采回来后先要进行摊晾。通过摊晾，叶片中的一部分水分散失，细胞液浓度提高，激活了叶片内部的各种酶类。淀粉水解，使得可溶性糖类增加，不溶于水的蛋白质水解为氨基酸。水分的减少又为杀青创造了条件，适当摊晾后开始杀青。杀青能否成功的一个关键指标就是要让叶片的温度持续保持在80℃以上一段时间，

这样才能确保鲜叶里的多酚氧化酶被钝化。杀青的过程中挥发出了叶片里低沸点的青草气息，保留了高沸点的香气物质。同时，高温杀青也使得复杂的脂型儿茶素异构，茶的涩感降低，茶汤收敛性降低，进而让成品茶口感顺滑。

通过杀青使叶片变软，又为下一步的揉捻提供了条件。揉捻有两个作用：一个是对茶叶进行塑形，比方说把茶叶做成针状、扁平状、条索状、球状……另一个是通过揉捻破坏了茶叶细胞，增大叶片内含物质在汤水中的溶解度。揉捻完毕，迅速烘干。烘干起到两个作用：第一，进一步钝化茶叶内杀青时残留下的多酚氧化酶，防止茶叶红变；第二，把茶叶的含水率降到 6% 以下，含水率使成品茶可以很好地得到保存，不易变质。

杭州的西湖龙井是我国传统的名优绿茶，十大名茶之一，在广大爱茶人的心目中占足了高、大、上三个字。陆羽的《茶经·八之出》

里已经有了关于杭州产茶的记载："钱塘生天竺、灵隐二寺。"那么西湖龙井茶的源头在哪里呢？源头有二。其一，鸠坑种。唐李肇写于长庆年的《唐国史补》记载："叙诸茶品目：风俗贵茶，茶之名品益众。剑南有蒙顶石花……湖州有顾渚之紫笋……睦州有鸠坑……"北宋名臣范仲淹知睦州时写的《鸠坑茶诗》里亦说："潇洒桐庐郡，春山半是茶。轻雷何好事，惊起雨前芽。"可见在900多年前鸠坑茶已经得到普遍种植了。杭州市淳安县鸠坑乡是鸠坑种茶树的原产地。龙井群体种是杭州本地多个品种杂交生长并在漫长进化之中变异而来的，这其中就有鸠坑种。其二，北宋文学家苏东坡在杭州居官时对龙井茶做过考证，他认为龙井茶种是南朝文学家、佛学家谢灵运在西湖的上天竺翻译佛经时从天台山带来并种于白云峰下的。东坡有诗云

"天台乳花世不见""白云峰下两旗新"。明代陈眉公对此说颇为认可，有诗云"龙井源头问子瞻，我亦生来半近禅"。苏东坡在杭州时与上天竺辨才法师交往甚深，后辨才于狮峰隐修，闲时开山种茶。由此事实来看，龙井种茶始于辨才。

现如今，龙井茶已走出狮峰山、翁家山、杨梅岭、满觉陇、云栖等这些耳熟能详的西子湖畔山水之间，迈向萧山、余杭、富阳、临安、绍兴、越城、新昌、嵊州、上虞等地。这是国家标准使然。根据《GB/T18650–2008 地理标志产品龙井茶》的规定，"龙井茶地理标志产品保护范围限于国家质量监督检验检疫行政主管部门根据《地理标志产品保护规定》批准的范围，即杭州市西湖区（西湖风景名胜区）现辖行政区域为西湖产区；杭州市萧山、滨江、余杭、富阳、临安、桐庐、建德、淳安等县（市、区）现辖行政区域为钱塘产区；绍兴市绍兴、越城、新昌、嵊州、诸暨等县（市、区）现辖行政区域以及上虞、磐安、东阳、天台等县（市）现辖部分乡镇区域为越州产区"。龙井茶的茶树品种是指在地理标志产品保护范围内采摘的，"选用龙井群体、龙井 43、龙井长叶、迎霜、鸠坑种等经审（认）定的适宜加工龙井茶的茶树良种"，龙井茶是"按照传统工艺在地理标志产品保护范围内加工而成，具有'色绿、香郁、味醇、形美'的扁形绿茶"。从前，龙井茶只出自西子湖畔山水之间的龙井群体品种，现在的龙井茶已经来源于整个地理标志产品保护范围内的众多品种了。这就是如今很多朋友喝到同样工艺制作的西湖龙井茶，却感到滋味、耐泡度有些许不同的原因。

目前市场上大多数龙井茶的制作，基本上是制茶的前半部分用机器杀青，后半部分用手工辉锅。另有一些低等级茶叶全程均为机械化制作。如果能喝到全手工炒制的西湖群体种龙井茶，那可真是有口福。群体种手工茶色如糙米，黄绿相间，温润有光，且成茶大小不均，这就应了那句"一母生九子，九子各不同"。群体种龙井的颜色和外观虽然比不上其他品种机制茶漂亮，但内质、香气、耐泡度三个方面都比前者更胜一筹。

每到清明前，我都要去杭州做一点西湖狮峰群体种龙井茶。说实在的，不单是为了跟茶友分享，也是因为我真的无法抵御"入口香冽，回味极甘""作豆花香"的诱惑与游赏那让人割舍不下的西湖早春美景。"孤山山后北山前，十里长堤隔两边。一行垂杨绿无缝，石桥通处过春船。"其时烟雨蒙蒙，玉兰似雪，桃花正艳，晚梅、樱花、梨花竞相盛开，这些"小冤家们"总是把我诱得迫不及待自京飞杭，老路重走，故景新游。溜溜长堤，听听莺啼，攀攀狮峰，饮饮龙井，看一场花事，做一场茗事，嗅着茶香，忘却流年。

西湖龙井茶公认以西湖狮峰山群体种所制为第一。我于今年清

明前到狮峰，一如既往地开始了传统狮峰龙井茶的制作。西湖龙井茶的传统手工制作工艺包括鲜叶摊放、青锅、摊凉回潮、辉锅。西湖龙井茶群体种的茶青采下后适当摊晾，接着把摊晾后的鲜叶杀青，然后还要摊放一个小时左右。回潮，目的是使刚炒过的叶片里面的余水重新分布，利于辉锅造型。回完潮后，再把茶倒进炒锅里面，进行对茶叶的辉锅、定型。传统龙井茶制作的整个工序都离不开抖、搭、搨、捺、甩、抓、推、扣、磨、压等炒制技法。用如此技艺炒制出的群体种龙井茶呈糙米色，扁平光滑，如《钱塘县志》所言："作豆花香，色清味甘，与他山异。"其中的豆花香极近于蚕豆花香或豌豆花香，到西湖访茶的朋友可以去老产区看看这两种花，摘一朵一嗅便知。

最早对手工炒制西湖龙井传统技法做出详细描述的，是清末的程淯。程淯，字白葭，号葭深居士，江苏人。他在西湖有一幢别墅，名曰"秋心楼"。处于近水楼台的程淯对西湖龙井茶颇有心得，乃著

《龙井访茶记》一篇。其中记道："叶既摘，当日即焙，俗曰炒，越宿色即变。炒用寻常铁锅，对径约一尺八寸，灶称之。火用松毛，山茅草次之，它柴皆非宜。火力毋过猛，猛则茶色变赭。毋过弱，弱又色黯。炒者坐灶旁以手入锅，徐徐拌之。每拌以手按叶，上至锅口，转掌承之，扬掌抖之，令松。叶从五指间，纷然下锅，复按而承以上。如是展转，无瞬息停。每锅仅炒鲜叶四五两，费时三十分钟。每四两，炒干茶一两。竭终夜之力，一人看火，一人拌炒，仅能制茶七八两耳。"

至于龙井茶的价高，程淯也是数语道破，"龙井茶之色香味，人力不能仿造，乃出天然"，"名既远播，价遂有增而无减，视他地之产，其利五倍"，"乃荒山弥望，仅三三五五，偃仰于路隅，无集千百株为一地者。物以罕而见珍，理岂宜然。"如今，大家遇到的纯正西湖狮峰群体种龙井茶量少价高，理皆一也。

2. 翠冷双绝出顾渚

中国有一本世界现存最早的茶叶专著，被誉为唐代茶叶百科全书，它就是陆羽写的《茶经》。

陆羽，字鸿渐，湖北竟陵县人。他的一生比较坎坷，小时候就被父母遗弃，后被寺庙的僧人收养。《新唐书·陆羽传》中说陆羽这个名字是"既

长，以《易》自筮，得《蹇》之《渐》，曰：'鸿渐于陆，其羽可用
为仪'，乃以陆为氏，名而字之。"师父想让他出家，但小陆羽不喜
欢在寺庙里生活，他以"不孝有三，无后为大"的理由拒绝了，然后
就跑到外面的戏班子里谋生。为了避安史之乱，又去了湖州。在那
里，他得到了命中贵人诗僧皎然和颜真卿的相助，尤其是皎然，陆羽
茶经的很多理念都是源于他。皎然是东晋名将谢安十二世孙，大陆羽
13岁，跟陆羽是亦师亦友的关系。皎然在顾渚山有自己的茶园，为陆
羽学习、熟悉顾渚紫笋茶提供了很大帮助。皎然是茶史上第一个用文
字描述顾渚紫笋茶的人，他在《顾渚行寄裴方舟》里说："女宫露涩
青芽老，尧市人稀紫笋多。紫笋青芽谁得识，日暮采之长太息。"

　　陆羽一生未娶，把全部身心都投入到了对茶的研究当中，整天
穿山访茶，乐此不疲。皇甫冉写过一首《送陆鸿渐栖霞寺采茶》，把
陆羽醉心茶研究的日常生活描绘得野趣盎然："采茶非采菉，远远上

层崖。布叶春风暖，盈筐白日斜。旧知山寺路，时宿野人家。借问王孙草，何时泛碗花。"皎然在《访陆处士羽》中也说他："太湖东西路，吴主古山前。所思不可见，归鸿自翩翩。何山赏春茗，何处弄春泉。莫是沧浪子，悠悠一钓船。" 在顾渚山里，陆羽以顾渚紫笋茶为蓝本，写成了世界上第一部茶叶专著《茶经》。"野者上，园者次；阳崖阴林，紫者上，绿者次；笋者上，芽者次；叶卷上，叶舒次。"这就是顾渚紫笋茶的真实写照。所以朋友们，不喝顾渚紫笋，是不能完全读透《茶经》的。我每年都去顾渚，先在大唐贡茶院（历史上第一座国营茶厂）祭拜陆羽，再到山中访茶、做茶，并亲手制作金石列 —野生顾渚紫笋茶。宋朝女词人李清照的丈夫赵明诚著有《金石录》一书，其中整理的《唐义兴县重修茶舍记》碑刻云："山僧有献佳茗者，会客尝之。野人陆羽以为芬香甘辣，冠于他境，可荐于上。"顾渚紫笋从唐代开始进贡，是历史上最久的贡茶，历经876年。

顾渚紫笋的产地顾渚山，海拔355米，属水口乡顾渚村。水口乡就在浙江省湖州市长兴县城西北，与苏皖交界，三面环山，东临太湖。去过的朋友都知道，那儿真的是山清溪秀，云雾缭绕，修竹茂林，青苔覆地，难得的好茶山。顾渚山真的是很神奇，茶圣陆羽、茶神裴汶、茶仙卢仝这三位茶界的"大咖"都与它有着不解之缘。喜茶的人有谁不知道《茶经》《茶述》的，又有谁不会背诵"一碗喉吻润，二碗破孤闷。三碗搜枯肠，惟有文字五千卷。四碗发轻汗，平生不平事，尽向毛孔散。五碗肌骨清，六碗通仙灵。七碗吃不得也，唯觉两腋习习清风生"的。日本人对卢仝推崇备至，常常将之与陆羽相提并论。当时的文化名人也常聚湖州，唐大历九年（774年）三月，时任湖州刺史的颜真卿在朋友潘述家的"竹山堂"邀请了陆羽、皎然、李萼、陆士修、韦介等19位名士聚会饮宴。陆羽是茶学的祖师爷，李

萼是安史之乱中的名臣，皎然就更不用说了，是陆羽的师父。用现在的话来讲，这在当时是最高规格的文化名人沙龙了。席间吟诗，每人依次各作两句，相联成篇，由颜真卿书记，诞生了历史上有名的茶文化名句帖——《竹山堂连句》，真迹现保存在台北故宫博物院。陆龟蒙在唐朝末年也隐居长兴，在顾渚置办茶园，与皮日休作诗唱和，留下著名的茶诗《茶中杂咏》《奉和袭美茶具十咏》。顾渚山真称得上是中国茶文化的活水源头。

顾渚山有双艳，一是贡茶——顾渚紫笋茶，二是贡泉——金沙泉水，二者相得益彰。正应了明代田艺蘅《煮泉小品》里写的："鸿渐有云：'烹茶于所产处无不佳，盖水土之宜也'，此诚妙论。"顾渚紫笋茶，芽头茁壮高挺，绿叶披卷，芽头比叶子高出一些。顾渚紫笋的紫色，只是表现在野生茶新长出的笋样芽头上，后出的叶片是不带紫色的。它的紫色不同于一般茶叶因花青素含量高而导致的紫色，它的

紫色是淡淡的紫色，是品种特征。金沙泉的特点是水质清冷、甘爽，用来烹煮紫笋茶，茶汤清洌，鲜香扑鼻，入口隽永，相得益彰。清《长兴县志》记："顾渚贡茶院侧，有碧泉涌沙，灿如金星。"故而得名金沙泉。唐时每逢清明前，官府会用特制的银瓶盛金沙泉水专程送至长安进贡。《新唐书·地理志》："湖州金沙泉以贡。"唐诗人杜牧就此写道："泉瀬金沙涌，芽茶紫璧截。"可见顾渚紫笋茶和金沙泉堪称绝配。

明前的顾渚山，游鱼浅戏，山鸟清鸣。我用橄榄炭起火，煮金沙泉水，瀹紫笋茶。枪旗舒展，荡于杯中，饮来如啜琼浆甘露，入体却又有竹林溪水边金石的清凛之气，这两种茶感的存在是其他茶类所没有的，非常特殊。不饮此茶，难以体会。曾经翠冷双绝艳，今到顾渚再品尝，喜茶人之大幸。

3. 春来洞庭话碧螺

绿茶三兄妹里的幺妹"小乔"——洞庭碧螺春，炒毕，放石灰仓收水了。累，但欣喜。下面聊一聊洞庭碧螺春的今世前生。

一提洞庭碧螺春，大家可能都知道一个被茶界说烂了的故事，这个故事是从清朝王应奎写的《柳南随笔》中来的。王应奎号柳南，生于康熙二十二年（1683 年），约卒于乾隆二十五年（1760 年）。他在《柳南随笔》里记述了清圣祖康熙皇帝于康熙三十八年（1699 年）春第三次南巡车驾幸太湖的事。巡抚宋荦从当地制茶高手朱正元处购得精制的"吓煞人香"茶进贡，康熙以其名不雅驯，题之曰"碧螺春"。后人评曰此乃康熙帝取其色泽碧绿，卷曲似螺，春时采制，又得自洞庭碧螺峰等特点，钦赐其美名。从此碧螺春遂闻名于世，成为

清宫贡茶。但这个对碧螺春最早命名的记载是有问题的。

我找到的最早明确写出"碧螺春"三字的文献资料，是在明末清初的文人吴伟业写过的一首《如梦令》里："镇日莺愁燕懒，遍地落红谁管。睡起蒸沉香，小饮碧螺春盌。帘卷，帘卷，一任柳丝风软。"其早于《柳南随笔》中康熙的赐名。另外，约成书于雍正十二年（1734年）的《续茶经》中，作者崇安知县陆廷灿引《随见录》（《随见录》，一说它是明朝人写的书，该书已散失）中的记载，在《续茶经》中也叙述了关于碧螺春的情形："洞庭山有茶，微似岕而细，味甚甘香，俗呼为吓杀人，产碧螺峰者，尤佳，名碧螺春。"在雍正年间，陆廷灿记录的碧螺春的特点还是扁形的片茶，而非《柳南随笔》里康熙皇帝所取"卷曲似螺"之态。

　　《续茶经》前后历时 17 年方成书。陆廷灿能写出《续茶经》，除了其对品茗有一定造诣外，跟他任崇安县令也有很大关系，崇安县就是现在的武夷山市。陆廷灿说："余性嗜茶，承乏崇安，适系武夷产茶之地。值制府满公，郑重进献，究悉源流，每以茶事下询。查阅诸书，于武夷之外，每多见闻，因思采集为《续茶经》之举。"另外，陆廷灿对北宋沈括的《梦溪笔谈》中说的"建茶皆乔木，吴、蜀、淮南唯丛茭而已"有质疑，他引《随见录》云："按沈存中（沈括字存中）《笔谈》云，建茶皆乔木，吴、蜀唯丛茭而已，以余所见，武夷茶树俱系丛茭，初无乔木。此存中未至建安欤？抑当时北苑与此日武夷有不同欤？"这就可以看出陆廷灿是位极具独立思考能力、不唯书之人。我觉得陆廷灿于碧螺春之言是可信的。

综上，我们可以推断出，扁形片状碧螺春至少是出现在雍正之后，且在康熙前就已经有了"碧螺春"的称谓了。康熙赐名一说，就是个故事而已。

唐代杨晔撰的《膳夫经手录》里记载："茶，古不闻食之，近晋、宋以降，吴人采其叶煮，是为茗粥，至开元、天宝之间，稍稍有茶，至德、大历遂多，建中以后盛矣。"这说明了苏州洞庭山一带在唐以前已经有茶，开始时是采叶煮为茗粥，至唐后才做成饼茶。北宋年间，书学理论家朱长文在他的《吴郡图经续记》里说："洞庭山出美茶，旧为入贡。《茶经》云，长洲县牛洞庭山者，与金州、蕲州、梁州味同。近年山僧尤善制茗，谓之水月茶，以院为名也，颇为吴人所贵。"号无碍居士的李弥大在《无碍泉诗并序》也有"瓯研水月先春焙，鼎煮云林无碍泉，将谓苏州能太守，老僧还解觅诗篇"。从上面文字可以看出，碧螺春的前身叫"水月茶"，其时还是蒸青团

茶。明正德年，洞庭东山人王鏊所著《姑苏志》有云："茶。出吴县西山，谷雨前采焙极细者贩于市，争先腾价，以雨前为贵也。"水月茶已有炒青茶出现，且"极细"。《续茶经》提到碧螺春是扁形的片茶。民国年间，章乃炜编纂的反映清代帝后起居、典章制度、清宫机构的书《清宫述闻》里出现了这样的字眼："乾隆时，各省例进方物。茶叶一类，两江总督进碧螺春茶一百瓶，银针茶、梅片茶各十瓶……"可见乾隆时期，碧螺春已经成了清廷贡茶。到此，碧螺春的身世清楚了，可以断定，外形螺曲的碧螺春肯定是在乾隆时期之后出现的。

再聊聊碧螺春茶"铜丝条，浑身毛，蜜蜂腿儿，花果味儿"的特点都是指什么。"铜丝条"是说高温杀青致使茶叶一部分发黄，又因春茶内含物质多、密度大、入水即沉。"浑身毛"特指碧螺春特殊的搓团提毫工艺。"蜜蜂腿儿"是说茶的外形卷曲。还有人说它似佛陀

头发之螺形，或为寺内僧人所创，曾是一款礼佛之茶。"花果味儿"说的是碧螺春这个小青茶品种经炒制后所产生的馥郁的花果香气，周瘦鹃曾有诗曰："都道狮峰无此味，舌端似放妙莲花。"

碧螺春是纯手工茶，因气候所限，每年只能做十来天。有机会大家真的要去品品它，没别的，得尝尝春天的味道呀！今天，清明前的洞庭西山，阳光明媚。我、躺椅、线装书、一杯洞庭碧螺春。当真是"镇日莺愁燕懒，遍地落红谁管。睡起爇沉香，小饮碧螺春盌。帘卷，帘卷，一任柳丝风软"。

4. 鲜爽最是安吉白

"绿茶三兄妹"的大哥金石洌——野生顾渚紫笋、幺妹——洞庭碧螺春都相继介绍了，就剩下二姐明前高山安吉白茶"佩玉"了。今天就来聊一聊绿茶中滋味最鲜爽的茶——安吉白茶。

安吉白茶是大家叫惯了的名字，实际应该称它为安吉白叶绿茶。它是绿茶，不是白茶。如果还不知道茶叶是怎么分类的，那就去看一下前面的章节《茶之适制各有异》，先把最基础的绿、白、黄、青、红、黑六大茶类的划分搞明白。

安吉是浙江省湖州市的下辖县，与产顾渚紫笋的湖州长兴县为邻。要不怎么说湖州是个神奇的地方、茶文化祥瑞之地呢，好茶都扎堆儿此处。安吉县历史悠久，建县于东汉灵帝中平二年（185 年），取《诗经》"安且吉兮"之意得名，是古越国重要的活动地。安吉在天目山的北麓，绵绵群山，森森竹海，云雾缭绕，土壤肥沃，植被覆盖率达 60%。"川源五百里，修竹半期间"，素有"中国竹乡"之称。大家还记得获奥斯卡金像奖最佳外语片奖，李安执导、周润发和

章子怡主演的电影《卧虎藏龙》吧，里面的很多镜头都是在安吉县的"中国大竹海"景区拍摄的。《卧虎藏龙》中竹海比武的精彩镜头，还获得了"十大经典旅游电影桥段"的称号。

安吉白茶叶子颜色的白化是一种明显的叶绿素缺失突变的结果。类似武夷岩茶四大名丛之一白鸡冠的白化。早春，安吉白茶的茶芽刚萌发，因为温度低，叶绿素的合成被阻断，所以就出现了呈白色的芽叶。在清明前萌发的嫩芽为嫩白绿偏黄。在谷雨前色渐淡，多数呈玉

白色。雨后至夏至前逐渐转为白绿相间，夏至后芽叶恢复为全绿，与一般茶叶的颜色就没多大区别了。明前头采的安吉白茶，它的白化度往往并不高，绿中泛黄，叶脉微绿，清新、淡雅、鲜爽，耐泡程度要好于稍后玉白色的叶片。这是上品安吉白茶特有的性状。

"白茶"二字，从资料看最早出现在唐代陆羽《茶经·七之事》篇"永嘉县东三百里有白茶山"之句。"白叶茶"三字的最早记载是约成书于北宋治平元年（1064年）的茶书《东溪试茶录》，作者宋子安在书中写道："茶之名有七：一曰白叶茶，民间大重，出于近岁，园焙时有之。地不以山川远近，发不以社之先后，芽叶如纸，民间以为茶瑞，取其第一者为斗茶，而气味殊薄，非食茶之比。"成书于北宋大观年间的《大观茶论》的记载更为详尽。宋徽宗赵佶在《大观茶论》里写道："白茶，自为一种，与常茶不同，其条敷阐，其叶莹薄。崖林之间偶然生出，盖非人力所可致。正焙之有者不过四、五家，生者不过一、二株，所造止于二、三胯而已。芽英不多，尤难蒸焙，汤火一失，则已变而为常品。须制造精微，运度得宜，则表里昭澈，如玉之在璞，他无与伦也；浅焙亦有之，但品格不及。""芽叶如纸""其叶莹薄"这两处记载，都说出了白叶茶的特点。

自宋之后一直未找到明确记载白叶茶的文字资料。1930 年，根据安吉县孝丰镇的县志记载，在当地一个叫马铃岗的地方发现了数十棵野生白茶树，"枝头所抽之嫩叶色白如玉，焙后微黄，为当地金光寺庙产"。1982 年，在安吉县天荒坪镇大溪村横坑坞桂家厂海拔 800多米之处，发现了一株百年以上的白茶树，嫩叶莹白，仅主脉呈现微绿色，树间极少结籽，芽叶形态与古籍上描述的特别接近，它就是现在安吉白茶的母树。浙江大学茶学系、中国农业科学院茶叶研究所的研究人员经过研究，确认安吉白茶主要受低温诱导发生突变，把它称为低温敏感型白叶茶。后来当地农业部门经过人工扦插选育，无性繁殖出了大溪白茶茶苗，并在 1996 年实现了初具规模化的产量。大溪白茶就是咱们现在常说的"安吉白叶一号"。

安吉白茶的最大特点就是鲜爽淡雅，在所有的绿茶里名列第一。主要是由安吉白茶所含内质呈高氨低酚的特性决定的。早春的低温，

让安吉白茶叶片里叶绿素的合成受阻，同时，又会促进可溶性蛋白的水解，这就导致了新鲜叶片里游离氨基酸的上升。安吉白茶的氨基酸含量一般在 6% ~ 7%，比其他绿茶高一倍左右，而茶多酚的含量大约是其他绿茶的一半。高氨低酚的绝妙搭配，造就了安吉白茶清新、淡雅、鲜爽的独特风味，让人一饮难忘。

安吉白茶用玻璃杯泡，汤水中如玉凤只只，翩翩飞扬起舞；又似晶莹雪片，纷扬而落，它是我见过的茶汤景象最妩媚动人的绿茶。喝一杯安吉白茶吧，感受一下那极致鲜爽淡雅的滋味。有诗云："山高露润出奇葩，古树原生白嫩芽。隐迹云崖千百载，如今香满万人家。"

PART 13

闷黄工艺
造黄茶

1. 黄茶本是偶然现

1979 年，安徽农业大学陈椽教授从科学角度阐释了茶叶分类的原理并提出分类方法，即依据茶叶加工方法及茶中黄烷醇类物质氧化程度的不同，系统地把茶叶分为白茶、绿茶、黄茶、青茶、红茶、黑茶六大类。

国家标准（GB/T21726−2018）里对黄茶的定义是：以茶树的芽、叶、嫩茎为原料，经摊青、杀青、揉捻（做形）、闷黄、干燥、精制或蒸压成型的特定工艺制成的黄茶产品。根据鲜叶原料和加工工艺的不同，产品分为芽型，采用茶树的单芽或一芽一叶初展加工制成的产品；芽叶型，采用茶树的一芽一叶或一芽二叶初展加工制成的产品；多叶型，采用茶树的一芽多叶和对夹叶加工制成的产品。另外还有一种用上述原料经蒸压成型的紧压型茶。传统上，我们按照茶青老嫩程度对黄茶的划分依次称作黄芽茶、黄小茶和黄大茶。黄芽茶代表品种有君山银针、蒙顶黄芽、莫干黄芽；黄小茶有远安鹿苑、北港毛尖、沩山毛尖；黄大茶有霍山黄大茶、广东大叶青等。

黄茶是轻氧化的茶类，加工工艺近似绿茶，但揉捻不是黄茶的必须工艺，根据实际原料、工艺的要求，黄茶可揉捻可不揉捻。制作黄茶必须且独特的工艺就是它比绿茶多出的一道"闷黄"程序。"闷黄"是形成黄茶"干茶黄、叶底黄、茶汤黄"品质特点的特殊工艺。黄茶制作，首先采取"高温杀青，先高后低，多闷少抛"的方法对鲜叶杀青。通过杀青，可以使低沸点的青草气及一部分水分挥发，同时钝化了茶叶中的多酚氧化酶，令酶的活性完全丧失，制止多酚类化合物酶促氧化。如果杀青不透，就进行茶叶的闷黄，会导致茶叶变红而不是变黄，那样的话，茶叶就向红茶大步迈进了。黄茶的闷黄是在湿热条件下多酚类物质的水解化、异构化与非酶氧化。茶多酚当中的儿茶素在这个过程中会发生诸如氧化、聚和、异构化的反应从而降解。脂型儿茶素在湿热条件下水解转化为简单儿茶素，令茶汤中的涩感降低。茶多酚降低，酚氨比降低，口感趋于醇和。有研究显示，咖啡碱在此阶段也相应减少了 21.96%。整个湿热过程里，叶绿素氧化降解，茶黄素生成；淀粉水解为单糖，蛋白质水解成游离的氨基酸。最后糖类、氨基酸、多酚类化合物在热的作用下又形成芳香类物质，黄茶独特的不苦涩、鲜香醇和的品种特点逐渐显现。好的黄茶，干茶应该里外全黄。现在市场上的很多黄茶是外表黄了，可掰开看，内部还是绿的，这就说明闷黄不彻底。市场现状是，很多的黄茶做得太过或不及，要么接近绿茶，要么接近乌龙茶。黄茶就应该有黄茶的样子，里外均黄、鲜香醇和才是黄茶。黄茶的制作比绿茶周期长，费工不说，由于闷黄工艺的存在，制茶有风险，所以优品黄茶的价格一定不会低于名优绿茶。

　　古时候黄茶的概念跟今天不同，古时人们看到有些茶树长出的芽叶自然显黄色而言其为"黄"茶。比方说唐朝的安徽寿州黄茶、四川蒙顶黄芽，都因芽叶自然泛黄而得名 。彼时，那些茶还是蒸青绿茶而非黄茶。唐李肇写于长庆年的《唐国史补》已经对寿州黄芽有所记载："叙诸茶品目：风俗贵茶，茶之名品益众。剑南有蒙顶石花，或小方，或散牙，号为第一。湖州有顾渚之紫笋，东川有神泉、小团、昌明、兽目，峡州有碧涧、明月、芳蕊、茱萸簝，福州有方山之

露芽，夔州有香山，江陵有南木，湖南有衡山，岳州有浥湖之含膏，常州有义兴之紫笋，婺州有东白，睦州有鸠坑，洪州有西山之白露。寿州有霍山之黄芽……"唐杨晔所撰《膳夫经手录》里亦说："有寿州霍山小团，此可能仿造小片龙芽作为贡品，其数甚微，古称霍山黄芽，乃取一旗一枪，古人描述其状如甲片，叶软如蝉翼，是未经压制之散茶也。"即是现在，也有一些刚入门的茶友凭茶叶外观去鉴别黄茶，这样很容易导致误判。比方说看到茶的外观色黄、茶汤色黄就认为是黄茶，如包种茶的黄色黄汤，有的朋友就说它是黄茶，其实包种茶属于乌龙茶。

那么依照现代茶类划分标准来讲，真正意义上的黄茶是什么时候出现的呢？在成书于 1597 年的《茶疏》里，明代大茶学家许次纾有这样的记载："天下名山，必产灵草。江南地暖，故独宜茶，大江以北，则称六安。然六安乃其郡名，其实产霍山县之大蜀山也。茶生最多，名品亦振，河南、山、陕人皆用之。南方谓其能消垢腻、去积滞，亦共宝爱。顾彼山中不善制造，就于食铛大薪焙炒，未及出釜，业已焦枯，讵堪用哉。兼以竹造巨笱，乘热便贮，虽有绿枝紫笋，辄就萎黄，仅供下食，奚堪品斗。"这虽然是许次纾在批评制茶技术不好，致使绿茶"萎黄"，但在今天看来，恰恰是他无意之间记录下了黄茶特有的"闷黄"工艺的出现。工艺上的失误，导致茶叶内部的多酚类物质在湿热条件下发生了非酶自动氧化、水解、异构化，意外地产生了六大茶类之一黄茶的关键制法。所以由文字资料来判断，真正黄茶的诞生，应该在明神宗万历二十五年（1597 年）左右。一定是那个时候的某些制茶人在生产实践中有意识地改进了这个源于失败的产品，经过渐进摸索使得黄茶工艺得以完备，进而产生了真正意义上的黄茶。我们要感谢那些默默无闻的劳动者，正是他们耐心的思考，积

极的努力，才使黄茶成为今天我们见到的样子。

　　以确切文字来记录黄茶工艺的文献是清代赵懿的《名山县志》。赵懿，字渊叔，光绪二年（1876年）举人，光绪十六年（1890年）起连任两届名山县（今雅安名山）知县，43岁卒于任上。赵懿为官不但爱民关生、亲自参与生产，还对蒙顶山之茶、蒙顶山之茶文化整理、发掘、完善、汇总，殚精竭虑编修《名山县志》以宏播蒙顶。他编修的《名山县志》已经成为我国茶文化的重要历史文献。《名山县志·序》记载："名山山县也，去成都三百余里。自成都南行数日皆平原旷壤，至县境始有山……渊叔（赵懿字）筑亭廯舍东圃，陈书满室，狼藉纸砚……辄入坐其中，肆究而博参，掇幽而搜佚，虽至夜分灯，不少辍……又时乘肩舆行野问民疾苦所在。"像赵懿这样的好官，翻开中国茶史可以看到多位，比如王梓、梅廷隽、陆廷灿、刘埥、余干臣等，他们对中国茶业发展之功绩已为历史书记。

对蒙顶黄芽的炒焙与用纸包裹茶叶进行闷黄的相关环节，赵懿记道："岁以四月之吉祷采，命僧会司，领摘茶僧十二人入园，官亲督而摘之。尽摘其嫩芽，笼归山半智炬寺，乃剪裁粗细，及虫蚀，每芽只连拣取一叶，先火而焙之。焙用新釜燃猛火，以纸裹叶熨釜中，候半焉，出而揉之，诸僧围坐一案，复一一开，所揉匀摊纸上，弸于釜口烘令干，又精拣其青润完洁者为正片贡茶。"这是已极近现代工艺的黄茶制作了。

2. 蒙顶君山映生辉

黄茶中，我对蒙顶黄芽和君山银针情有独钟。

喜欢茶的朋友都知道有副被誉为中国第一茶联的对子，那就是"扬子江心水，蒙山顶上茶"。这副对联的出处要追溯到宋、元、明三代。南宋大诗人陆游曾在四川为官，他的《卜居》诗中有"雪山水

作中冷味，蒙顶茶如正焙香"一句，从目前看是陆放翁最早将"扬子江心水"与"蒙山顶上茶"并论，"中冷"即指扬子江中的中冷泉。元朝有一位散曲家叫李德载，他在作品《中吕·阳春曲》里写道："蒙山顶上春光早，扬子江心水味高。陶家学士更风骚。应笑倒，销金帐，饮羊羔。"李德载略加改动把此意写进了元曲而传唱。到了明代，陈绛在《辨物小志》又记："谚云，扬子江中水，蒙山顶上茶。"看得出，自宋至明，诗、曲里的文字慢慢在民间融合后演变成了脍炙人口的茶联。

如果你去四川旅游，在其省内茶馆还可以见到这样一副茶联，"虽无扬子江心水，却有蒙山顶上茶"。要说上面那副联颇有高高在上之意，那下面这副就一下子从仙气缭绕的山顶落到了地下，十足的烟火味道，彰显了四川人的实诚及对家乡茶品的引以为豪。

蒙顶山在四川省有名的"雨城"雅安市境内，位于青藏高原到川西平原的过渡地带。蒙顶山海拔 1456 米，"仰则天风高畅，万象萧瑟；俯则羌水环流，众山罗绕，茶畦杉径，异石奇花，足称名胜"。山中常年云雾缥缈，细雨霏霏，因"雨雾蒙沫"而得名，素有"雅安多雨，中心蒙山"之说。

传说，蒙顶山植茶始于西汉雅安人吴理真，其亲手种茶于上清峰。吴理真到底是哪个朝代的人物，是僧、道、俗？目前学界尚有争议，因为历代文字资料中对他的出身记载不同。比方说大多资料都说吴理真为西汉僧人，明正德年的状元、大学问家杨慎在《杨慎记·蒙茶辨》提出了疑问："名山之普惠大师，本岭表来，流寓蒙山。按碑，西汉僧理真，俗姓吴氏，修活民之行，种茶蒙顶，陨化为石像，其徒奉之，号甘露大师。水旱、疾疫，祷必应。淳熙十三年（1186年），邑进士喻大中，奏师功德及民，孝宗封甘露普慧妙济大师，遂有智炬院，遂四月二十四日，以隐化日，咸集寺献香。宋、元各有碑记，以茶利，由此兴焉。夫吃茶西汉前其名未见，民未始利。浮屠自东汉入中国，初犹禁不得学。"杨慎认为，佛教是在东汉才传入中国的，所以对"西汉僧理真"种茶蒙顶提出了质疑。还有学者认为吴理真是宋代以后的人，原因是宋代以前的各种文献均没有述及吴理真其人。

蒙顶山天盖寺"天下大蒙山"碑述遗刻记："祖师吴姓，法理真……自岭表来，随携灵茗之种，植于五峰之中，高不盈尺，不生不灭，迥异寻常，……惟二三小株耳。"五代毛文锡《茶谱》载："蒙山有五峰，环状如指掌曰上清，曰玉女，曰井泉，曰菱角，曰甘露，仙茶植丁中心蟠根石上，每岁采仙茶七株为正贡。"吴理真在宋代孝宗淳熙十三年（1186 年）被封为甘露普惠妙济大师，并把他植茶之地封为皇茶园。清雍正《四川通志·卷三十八·物产·雅州府·仙茶》："名山县治之西十五里，有蒙山，其山有五顶，形如莲花五瓣，其中顶最高，名曰上清峰，至顶上略开，一坪直一丈二尺，横二丈余，即种"仙茶"之处。汉时甘露祖师，姓吴名理真者手植。至今不长不灭，共八小株。其七株高仅四五寸；其一株高尺二三寸。每岁摘茶二十余片。至春末夏初始发芽，五月方成叶。摘采后其树即似枯枝。常用栅栏封锁。其山顶土仅深寸许，故茶不甚长。时多云雾，人迹罕到。"

我个人认为，吴理真应该是一个杰出种茶人的具象，是中国茶叶种植史上第一个有明确文字记载的有名有姓的种茶人，是承载了历代蒙顶山茶文化的一个符号，这一点是毋庸置疑的。究竟其人何如，这个问题还是留给专业人士去考证吧。

顾炎武的《日知录》云："自秦人取巴蜀而后，始有茗饮之事。"言下之意，秦军灭巴蜀两国后，壁垒被打破，流行于巴蜀一带的饮茶习俗开始向外传播。西晋张孟阳《登成都楼诗》说蜀茶："芳茶冠六清，溢味播九区。"此句亦为唐代陆羽《茶经·七之事》所引用，可见张孟阳之言不虚。"兀兀寄形群动内，陶陶任性一生间……琴里知闻唯渌水，茶中故旧是蒙山。"好一个"茶中故旧是蒙山"，唐代白居易一首《琴茶》道出了四川蒙顶山产茶历史的悠久。

蒙顶山茶在唐时已名冠天下。唐《元和郡县志》里说："蒙山在县南十里，今每岁贡茶为蜀之最。"唐杨晔《膳夫经手录》记："蜀茶得名蒙顶也，于元和以前，束帛不能易一斤先春蒙顶。"李肇撰《唐国史补》又说，"剑南有蒙顶石花，或小方或散芽，号为第一"。由上可见，蒙顶茶在唐代已有石花品种的蒸青绿茶，外形有散茶，有方茶，且量少而价高。唐人嗜蜀茶，白居易有诗云："蜀茶寄到但惊新，渭水煎来始觉珍。满瓯似乳堪持玩，况是春深酒渴人。"正值春深酒渴的白香山逢新蜀茶寄到，赶紧汲渭水烹煎，欣欣之状跃然纸上。与贾岛并称"郊寒岛瘦"的唐代大诗人孟郊在《凭周况先辈

于朝贤乞茶》里说，当他的蒙顶茶"蒙茗玉花尽，越瓯荷叶空"的时候，就心急如焚地向在朝中的朋友"乞寄"，"锦水有鲜色，蜀山饶芳丛……幸为乞寄来，救此病劣躬。"蜀茶之美可窥一斑。

宋孝宗淳熙十三年（1186 年），皇帝封蒙顶茶创始人吴理真为"甘露普慧妙济禅师"，将上清峰的七株"仙茶"列为贡茶，并修建石栏围护，取名"皇茶园"。宋代，万春银叶、玉叶长春茶始现。北宋苏轼的表兄、书画家文同在其《谢人惠寄蒙顶茶》诗里赞曰："蜀土茶称圣，蒙山味独珍。"对蒙山茶做了极高的评价。明代，蒙顶山又创制名茶"甘露"，比肩"蒙顶石花"。明嘉靖二十年（1541 年）《四川总志》载"上清峰产甘露"。至此，蒙顶茶的主要当家品种石花、万春银叶、玉叶常春、甘露相继问世，独缺了今天的主角"蒙顶黄芽"。那么蒙顶黄芽是什么时候问世的呢？我们在明代李时珍的《本草纲目》里寻找到了答案。

明代著名医学家李时珍在其所著的《本草纲目》中记道："真茶性冷，惟雅州蒙顶山出者温而主祛疾……"李时珍说，在雅安的蒙顶山产有一种茶，它喝起来比绿茶温和。《本草纲目》约成书于明万历六年（1578 年），其时白茶、绿茶、黑茶已明确出现，红茶、乌龙茶还各要约数十、一百多年后才会在武夷山问世，那么李时珍说的这个"温"茶就是黄茶。也就是说，这时候已经有黄茶在蒙顶山诞生了。原料是不是芽茶，李时珍没说，但可以合理推测的是，蒙顶黄芽应该是在这个时间点出现。

制作正宗蒙顶黄芽的原料，那还得说说四川本地群体种老川茶。这个品种做出的茶芽头壮实、显毫，色泽黄，汤色黄亮，甜香温和，汤水稠滑。由于芽茶原料细嫩，所以制作起来尤其精细。制作蒙顶黄芽的工艺流程分杀青、初包、复炒、复包、三炒、堆积摊放、四炒、

烘焙干燥。

2019 年，我用高山老川茶做了点蒙顶黄芽，茶青是 3 月 28 日开采的，制作时间逾三周。那年精工细作的黄芽茶真是好喝，茶汤甜淳、黏稠，有微微雪梨香，喝到的茶友都说它堪比"冰糖雪梨银耳汤"。时下，有一些外地或早熟品种被用来当作蒙顶黄芽的原料，但喝正宗蒙顶黄芽茶，选茶要仔细，品种排第一。

中国十大名茶之一的君山银针产于岳阳君山。君山是湖南岳阳市洞庭湖的一个美丽湖岛，唐代刘禹锡那句"遥望洞庭山水翠，白银盘里一青螺"说的就是它。君山岛古称洞庭山，与千古名楼岳阳楼遥遥相对。其四面环水，无高山深谷，空气湿度大，地面昼夜温差大，这样的小气候非常适于茶树的生长。

岳阳黄茶生产历史悠久，前文说过，唐李肇写于长庆年的《唐国史补》已经对岳州茶有所记载："叙诸茶品目：风俗贵茶，茶之

名品益众……湖州有顾渚之紫笋……湖南有衡山，岳州有瀍湖之含膏……""含膏"是什么意思呢？因为君山银针是中叶种，有叶宽汁肥的特点，故古人以含膏相谓，喻其内质丰富。晚唐著名诗僧齐己在其《谢瀍湖茶》里亦对岳州茶有所描述："瀍湖唯上贡，何以惠寻常。还是诗心苦，堪消蜡面香。碾声通一室，烹色带残阳。若有新春者，西来信勿忘。"

到了宋代，饮茶之风盛行，北宋进士范致明谪居岳州的时候写了一本书叫《岳阳风土记》，书里记载："瀍湖诸山旧出茶，谓之瀍湖茶，李肇所谓岳州瀍湖之含膏也，唐人极重之，见于篇什。今人不甚种植，惟白鹤僧园有千余本，土地颇类此苑，所出茶一岁不过一二十两，土人谓之白鹤茶，味极甘香，非他处草茶可比并，茶园地色亦相类，但土人不甚植尔。"其时的瀍湖含膏已经在范致明的笔下叫作白鹤茶了。

清代袁枚在《随园食单》中说："洞庭君山出茶，色味与龙井相同，叶微宽而绿过之，采掇最少。"被袁枚称为"经痴"的清代江昱也在其《潇湘听雨录》写道："湘中产茶，不一其地……而洞庭君山之毛尖，当推第一……但所产不多，不足供四方尔。"同治年间的《湖南省志》说："邑茶盛称于唐，始贡于五代马殷，旧传产瀹湖诸山，今则推君山矣。然君山所产无多，正贡之外，山僧所货贡余茶，间以北港茶掺之。北港地皆平冈，出茶颇多，味甘香，亦胜他处。"《巴陵县志》记："君山贡茶自国朝乾隆四十六年开始，每岁贡十八斤，谷雨前，知县遣人监山僧采一旗一枪，白毛茸然，俗呼白毛尖。""贡尖下有贡兜，随办者炒成，色黑而无白毫，价率千六百，粗五十止，其实佳茶也。"看得出在清代君山茶有"贡尖""贡兜"两种，有芽头的茶做贡品，称贡尖；刨去尖后的叶茶叫贡兜，也是好茶。"贡尖"应该就是或者其后演变成了著名的君山银针。

20世纪50年代，君山银针采摘工艺发生变化，由茶园直接摘取芽头制茶。君山银针对原料采摘严格，有"九不采"的原则：雨天芽不采、露水芽不采、紫色芽不采、空心芽不采、开口芽不采、冻伤芽不采、虫伤芽不采、瘦弱芽不采、过长过短芽不采。它的制作工序为：摊青、杀青、摊凉、初烘、摊凉、初包、复烘、摊晾、复包、焙干。君山银针成茶汤色橙黄明亮，香气清纯，滋味甘爽。茶芽直挺壮实、银毫满身。若春之重笋，入水即沉。群集杯底，似山峰林立，如众笋破土，黄翠相叠，茶秀水美，别有韵致。不消说喝，就是看上一看，也开了眼界。

最早听说岳阳楼和君山，是"未到江南先一笑，岳阳楼上对君山"这一句。小时候对家里大人喝的君山银针产自哪里是没有概念的，只记得奶奶笑眯眯地指着、瀹泡着被我称作"刀枪林立茶"的高筒玻璃杯冲我说，别乱讲，这可是太上老君做的仙茶。二十出头到君山的时候，我才得以一睹君山银针的老家。茶园面积不大，故君山银针产量不高，这也注定了正品茶的珍贵。在君山，悼悼二妃墓，看看斑竹林。《史记·五帝本纪》载："舜践帝三十九年，南巡狩，崩于苍梧之野，葬于江南九嶷，是为零陵。"传说其后舜帝的两个妃子娥皇与女英思夫心切，就出行寻找，走到了洞庭君山。此时舜帝已逝。二妃痛断肝肠，泪水洒落在湖边的竹子上，泪滴一碰到竹子即有了如墨染过的斑点，"斑竹一枝千滴泪"，诞生了君山特有的象征爱情忠贞的竹子——斑竹。

柳毅井旁小憩，瀹一泡君山银针。品着甜美鲜醇的香茶，不禁思虑起市场上黄茶的绿茶化。由衷希望君山银针发扬范仲淹岳阳楼记中"先天下之忧而忧，后天下之乐而乐"的高洁精神，给全国的黄茶产区做个表率，多做些高品质的黄茶出来，不负君山银针这绝美茶品，不负八百里洞庭这风月无边。

PART 14

三 红 七 绿

为 青 茶

1. 青茶溯源谈虎丘

六大茶类中的青茶也叫乌龙茶，俗称半发酵茶，它的主要产地在我国的福建、广东、台湾三省。最具代表的品种就是闽北岩骨花香的武夷岩茶、闽南安溪铁观音、广东潮州的凤凰单丛、台湾的乌龙茶。从历史文献上看，这四个地区产生乌龙茶的先后顺序，首先是福建武夷，其次安溪，再次台湾，最晚为广东潮州。

青茶制作讲究，鲜叶的采摘，不能过嫩也不能过老。太嫩，咖啡碱、茶多酚含量高，糖类与形成芳香物的前导物低，成茶滋味苦涩、香气低；过老，内含物质低，纤维素含量高，茶汤亦差。所以要在茶树新梢的顶芽形成驻芽的时候采摘小开面或大开面，俗称"开面采"。这时候茶树鲜叶中呈苦涩味道的脂型儿茶素减少，糖类增加，嫩梗里产生了较多的氨基酸，香叶醇、苯乙醛等香气成分增加。接着通过萎凋使鲜叶轻度失水，破坏叶绿素，令氨基酸与可溶性糖类增多；蛋白质分解，低沸点的青草气得以挥发，如此就为香高、味醇、耐泡的优质成品茶的形成奠定了坚实的基础。

接下来开始做青。做青用一个词来讲就是叶片的"死去活来"，这形容的是摇青和凉青交替过程中茶树鲜叶的状态。通过摇青，鲜叶和嫩梗里的水分缓慢散发，使得生机勃勃的叶片一下子变得垂头丧气；把摇过的叶片放置一会儿，嫩梗里残留的水分又重新分布到了叶子表面，叶片接着展现出生机勃勃的样子。如此反复交替，我们就看到了鲜叶不停地变化，也有人把这个过程称作"走水""还阳"。摇青过程会让叶片边缘不断受到震动和摩擦，令边缘细胞逐步损伤，使得多酚氧化酶对儿茶素渐进氧化。当鲜叶的含水率下降到一定程度，叶子的颜色由绿转淡绿、黄绿，叶片边缘出现红斑并且花香开始出现，就要果断杀青，钝化叶片中酶的活性，终止叶片内儿茶素的氧化，保留巩固茶的内在品质。再经过揉捻、烘干、焙火等工艺，终成青茶。

陆廷灿在《续茶经》中援引王草堂《茶说》所述："茶采后，以竹筐匀铺，架于风日中，名曰晒青。俟其青色渐收，然后再加炒焙。阳羡岕片，只蒸不炒，火焙以成。松罗、龙井皆炒而不焙，故其色纯。独武夷炒焙兼施，烹出之时，半青半红，青者乃炒色，红者乃焙色也。茶采而摊，摊而撼，香气发越即炒，过时、不及皆不可。既炒既焙，复拣去其中老叶、枝蒂，使之一色。"可见，采后晒青、摇青、炒、焙、拣梗，在那时候主要的青茶工艺已经出现。王草堂即王复礼，是明代心学大家王阳明的后人，《茶说》成书应为清初。清康熙四十七年（1708 年），已六十有七的王草堂受福建抚台之聘来闽，寓居武夷山。后一直隐居于此，潜心向学，前后经历了王梓、梅廷隽、陆廷灿三任崇安令，终老于武夷。王草堂在《茶说》中记录的有关武夷茶制法的文字，对考证乌龙茶起源来讲弥为珍贵，泽被后人。

新事物的出现是有前提条件的，乌龙茶在武夷山的诞生也不例外。明洪武二十四年（1391 年），朱元璋一道诏旨，令茶废团改散，"岁贡上贡茶，罢造龙团，听茶户惟采芽茶以进"，把团茶都废掉，喝散茶。明代沈德符所著的《万历野获编·补遗》里也记载："国初四方贡茶，以建宁阳羡为上，犹仍宋制，碾而揉之，为大小龙团。洪武二十四年九月，上以重劳民力，罢造龙团，惟采茶芽以进。其品有四：曰探春、先春、次春、紫笋。茶加香味，捣为细末，已失真味。今人惟取初萌之精者，汲泉置鼎，一瀹便啜，遂开千古茗饮之宗，不知我太祖实首辟此法。陆羽有灵，必俯首服。蔡君谟在地下，亦咋舌退矣。"沈德符的歌功颂德稍显肉麻，但放小牛出身的朱元璋废团改散可真是对茶的一次大变革，条索型散茶方便揉捻、发酵，它的大量出现，为自明以后茶类的百花齐放奠定了基础。

要说乌龙茶的诞生，不得不从明代冠绝天下的虎丘茶讲起。有朋友说："虎丘茶不是绿茶吗，跟乌龙茶有什么关系？"可以这样说，没有虎丘茶，就引不出200多年后乌龙茶在武夷山的诞生。

到过苏州的朋友都知道，苏州的虎丘，相传是吴王阖闾墓冢所在地，其墓道口就在剑池深处。《史记》记载，吴土阖闾葬于此，传说葬后三日有"白虎蹲其上"，故名虎丘。《苏州府志》中说茶圣陆羽在贞元年间（约796年）曾长期寓居苏州虎丘，一边著书，一边研究茶学。他发现虎丘处有一泉水，汲水饮茶，质甘清凛，为水之美者。

于是就在虎丘山上挖石筑井一眼，此井被后人称为"陆羽井"，亦称"陆羽泉"。陆羽泉被唐代品泉家刑部侍郎刘伯刍评为"天下第三泉"。明代王鏊曾赋诗："翠壑无声滑碧鲜，品题谁许惠山先？沉埋断础颓垣里，搜剔松根石罅边，云乳一林沉瀣分，天光千丈落虚圆。闲来弃置行多恻，好谢东山悟道泉。"现在的陆羽井为一座长方形水池，约一丈多见方，井四周石壁陡峭如削。石肌天然，色呈褐赭，秀若铁花。从前宋代苏东坡来此游赏赞其为铁华秀岩壁，后人遂将其称作铁华岩。"铁华岩"这三个字后来被清代范承勋手书，并将其刻于石壁之上。凡今游山的怀古之士无不至此一睹这"陡崖垂碧湫，古苔铁花冷，中线横天，倒挂浮图影"的泉石益然之境。

说到这里，要澄清一件事情，有人说虎丘茶是陆羽带到苏州种植培育的，其实这是一个误解，虎丘茶的种植跟陆羽没有一点关系。从两点可以看出来，第一，陆羽的《茶经》大约是在 780 年完成的，里面并没有关于虎丘茶的记述。这也是后来清顺治年间广东人陈鉴著《虎丘茶经注补》的原因。第二，唐代诗人韦应物在唐德宗贞元四年（788 年）7 月到苏州任刺史，至德宗贞元七年（791 年）卒于苏州官舍。陆羽是在韦应物逝后五年才来虎丘。在任上，韦应物写下了脍炙人口的茶诗《喜虎丘园中茶生》，诗中写道："洁性不可污，为饮涤尘烦。此物信灵味，本自出仙源。聊因理郡余，率尔植荒园。喜随众草长，得与幽人言。"可见，彼时虎丘山上早已长有茶树，非陆鸿渐所植。

《元和县志》中记载虎丘所产之茶："叶微带黑，不甚苍翠，烹之色白如玉，而作豌豆香，性不能耐久，宋人呼为'白云茶'。"在宋代，已经出现了虎丘茶的影子。明末苏州状元文震孟就说："吴山之虎丘，名艳天下。其所产茗柯，亦为天下最，色香与味在常品

外。如阳羡、天池、北源、松萝俱堪作奴也。"卜万祺，明天启元年
（1621年）举人，崇祯时官广东韶州知府。他在清顺治年间著述的
《松寮茗政》里写道："虎丘茶，色味香韵，无可比拟。必亲诣茶
所，手摘监制，乃得真产。且难久贮，即百端珍护，稍过时，即全失
其初矣。殆如彩云易散，故不入供御耶。"

1655年，广东人陈鉴侨居苏州有感："陆桑苎翁《茶经》漏虎
丘，窃有疑焉。陆尝隐虎丘者也，井焉、泉焉、品水焉，茶何漏？……
予乙未迁居虎丘，因注之、补之；其于《茶经》无以别也，仍以注、
补别之，而《经》之十品备焉矣。桑苎翁而在，当哑然一笑。"于是
陈鉴著《虎丘茶经注补》。他在文中对虎丘茶的生长、品饮做了记
载，他说虎丘茶树"花开比白蔷薇而小，茶子如小弹"，生长在"虎
丘之西，正阳崖阴林"，"虎丘紫绿，笋芽卷舒皆上"，"鉴亲采数
嫩叶，与茶侣汤愚公小焙烹之，真作豆花香"。

清朝的《虎丘山志》中载："虎丘茶，出金粟房。叶微带黑，
不甚苍翠，点之色如白玉，而作豌豆香。"金粟房是虎丘山上寺院之
一，这段文字点出了"虎丘茶"的出处。综上，我们可以知道，名艳
天下的虎丘茶是明代虎丘山中寺庙和尚种植、制作的。

2. 虎丘茶本寺庙植

绿茶，自唐宋的蒸青团茶过渡到蒸青散茶，又从蒸青散茶逐渐
过渡到炒青散茶。中唐时绿茶的炒青工艺已初现端倪了，唐代刘禹锡
在《西山兰若试茶歌》中说："山僧后檐茶数丛，春来映竹抽新茸。
宛然为客振衣起，自傍芳丛摘鹰觜。斯须炒成满室香，便酌砌下金沙
水。"在明代，炒青散茶经过虎丘寺僧的改良，开创了我国绿茶焙、

烘的先河，使得香清味甘的烘青绿茶在苏州的虎丘诞生。烘青绿茶是通过炭火产生热量，利用热风对茶叶进行干燥。得益于湿热作用，烘青绿茶的干燥过程中，茶叶内可溶性糖类与氨基酸会有明显增加，虽然香气略低于炒青绿茶，但整体口感更加淡雅舒适。明人追求闲适、清雅、恬静的生活，茶以寄情，故烘青茶的出现极合乎其士人的审美情旨。青藤画派鼻祖青藤老人徐渭说："虎丘春茗妙烘蒸。"

虎丘茶能称雄茶界，与其精湛的制茶技艺是分不开的，尤在人工。虎丘所产茶叶数量极少，物以稀为贵。原料的稀缺使得茶叶的采摘、炒制、烘制过程由不得半点马虎，这就逐渐形成了精细、规范的制茶流程。明代地理学家王士性在《广志绎》里说："虎丘、天池茶，今为海内第一。余观茶品固佳，然以人事胜。其采揉焙封法度，锱铢不爽。"

说了虎丘茶的源出，那这个茶到底有多么好呢？让我们从史籍上找找答案，在明代文人的集体赞叹声中体会一下虎丘茶的魅力。

　　文徵明，明代杰出文学家，诗、文、书、画无一不精，人称"四绝"。在画史上与沈周、唐寅、仇英合称"吴门四家"；在诗文上，与祝允明、唐寅、徐祯卿并称"吴中四才子"。现藏于台北故宫博物院的文徵明《茶事图》就是其品虎丘茶有感，而效仿唐代陆龟蒙与皮日休对吟的"茶具十咏"之作。图上绘青山之下古树森郁，藩篱之内茅舍两间，主人趺坐于室内，书、壶伴其左右。另一间屋内，一童子烧水炉正沸。画上方自题五言律诗十首，分别咏茶坞、茶人、茶笋、茶籝、茶舍、茶灶、茶焙、茶鼎、茶瓯、煮茶。后题记："嘉靖十三年岁在甲午，谷雨前二日，天池、虎丘茶事最盛，余方抱疾偃息一室，弗能往与好事者同为品试之会。佳友念我走惠二三种，乃汲泉吹火烹啜之，辄自第其高下，以适其幽闲之趣。偶忆唐贤皮陆故事'茶具十咏'，因追次焉，非敢窃附于二贤后，聊以寄一时之兴耳。漫为小图，遂录其上。"嘉靖十三年（1534年），其时文徵明已经

65岁了。那一年谷雨前三天，天池、虎丘逢茶叶盛事，文徵明因生病不能参与，他的好朋友就给他送来几种好茶。文徵明便让童子汲泉烧火，自品评茶叶之高下。品后，绘图作诗，诗中赞虎丘茶"烟华绽肥玉，云蕤凝嫩香"，"重之黄金如，输贡堪头纲"。对其评价极高。

青藤老人徐渭在他的五言律诗《谢钟君惠石埭茶》有"杭客矜龙井，苏人伐虎丘"之句，尽是夸耀的意思，可见虎丘茶之美。隆万之际，独擎文坛大旗20年的"后七子"领袖王世贞赞虎丘茶为"虎丘晚出谷雨候，百草斗品皆为轻"。文徵明的曾孙文震亨在他的《长物志》里说："虎丘、天池，最号精绝，为天下冠……得一壶二壶，便为奇品。""堪头纲""伐虎丘""精绝""天下冠""奇品"，文人墨客的溢美之词都为虎丘茶集于一身，可见此茶之精绝。

虎丘茶虽美，但产量极小。文震孟在他的《薙茶说》指出，虎

丘茶"然所产极少,竭山之所入,不满数十斤"。卜万祺的《松寮茗政》中也说:"但山岩隙地,所产无几,又为官司禁据,寺僧惯杂赝种,非精鉴家卒莫能辨。"可见在山岩隙地上种植的虎丘茶产量实在有限。

于是问题来了,如此精绝、量少的虎丘茶自然成了官商巨贾眼里的香馍馍,这些人为了得到一点虎丘茶而极尽巧取豪夺之能事。明末清初文学家褚人获在他的轶事小说《坚瓠集》里记载了一个唐伯虎写《方盘大西瓜》诗的逸闻:"吴令命役于虎丘采茶,役多求不遂,谮僧。令笞僧三十,复枷之。僧求援于唐伯虎,伯虎不应。一日,偶过枷所,戏题枷上曰:'官差皂隶去收茶,只要纹银不肯赊。县里捉来三十板,方盘托出大西瓜。'令见而询之,知为唐解元笔,笑而释之。"县太爷命令手下差人去虎丘采茶,嫌拿到的茶数量少,就把和尚抓了起来,板笞三十,还像犯人似的给上了枷。寺庙和尚去找唐伯虎帮忙,他没回应。过了几天,唐伯虎偶尔经过"枷所",看见和尚的光头被卡在枷里,就提笔在木枷上戏写打油诗一首讥讽此事。县令见是唐伯虎所为,于是放人。褚人获虽然把此事当作轶闻来记,却让300多年后的我们看到了其时地方官吏在虎丘山敲茶榨银的事实。《虎丘山志》中也记载:"明时有司以此申馈大吏,诣山采制。胥皂骚扰,守僧不堪,剃除殆尽。"虎丘茶竭山之所入,也不满数十斤,地方官员的骚扰让寺庙鸡犬不宁,竟把和尚逼得连茶树都砍了,以绝烦恼之源。这件事也被文震孟记入了他的《薙茶说》。《松寮茗政》中也说:"明万历中,寺僧苦大吏需索,薙除殆尽。文肃公震孟作《薙茶说》以讥之。至今真产尤不易得。"

茶树被砍后,有个懂得做茶工艺的和尚离开了寺庙。他这一出走不要紧,引出了茶史上一个新茶品的出现——大名鼎鼎的松萝茶。正是松萝茶的横空出世，才导致了后来乌龙茶在武夷山的诞生。

桃叶渡宗子会老子，花乳斋酒盏做茶杯。高雅清绝的茶史轶事、工夫茶的雏形初现都随着松萝茶的诞生而接连上演。

3. 松萝出世艳天下

离开寺庙的和尚的名字叫大方。明隆庆年间，大方来到了现在安徽省黄山市休宁县休歙边界黄山余脉的松萝山。松萝山海拔 882 米，气候温和湿润，土质肥沃，尤适茶树生长，明代詹英说它："百滩春水色，万壑古松香。云影同归路，钟声出上方。"明代程敏政有诗云："双峡中分一径通，宝坊遥隔片云东。四时山色涵空翠，万折泉声泻断虹。清爱竹利穿冻雪，静闻松子落香风。登高两屐吾方健，携手无因得赞公。"

大方在松萝山结庵而居，采摘当地的山茶，施以虎丘茶的制茶工艺把它们做成绿茶。当地的茶客哪里见过这种甜醇香幽的精绝绿茶，大哗，争相抢购，进而顺理成章地把这个茶称为"松萝茶"。传承了虎丘茶衣钵的松萝茶的诞生，在中国茶史上留下了浓重的一笔。

明代冯时可在《茶录》（约成书于 1609 年）里记述："徽郡向无茶，近出松萝茶，最为时尚。是茶，始比丘大方，大方居虎丘最久，得采造法，其后于徽之松萝结庵，采诸山茶于庵焙制，远迩争市，价倏翔涌。人因称松萝茶，实非松萝所出也。是茶，比天池茶稍粗，而气甚香，味更清，然于虎丘，能称仲，不能伯也。"冯时可很清晰地写出了松萝茶的制茶工艺来源于苏州虎丘茶，是久居苏州虎丘的大方和尚把虎丘绿茶的炒、烘焙技术带到徽州并加以改良。大方和尚采摘休宁松萝山山茶的茶青，施加虎丘茶的工艺，做出了松萝茶。

冯时可说松萝的品质还是无法超越虎丘茶，我个人觉得在工艺相同的情况下，这应该是跟茶叶的品种有关，虎丘茶品种内质应该高于徽郡茶。

我们再来看一看松萝茶的制法。

明人谢肇淛在《五杂组·物部三》里记录了他路过松萝时与一个制茶和尚攀谈的内容。他写道："今茶品之上者，松萝也，虎丘也，罗芥也，龙井也，阳羡也，天池也……余尝过松萝，遇一制茶僧，询其法，曰，茶之香，原不甚相远，惟焙者火候极难调耳。茶叶尖者太嫩，而蒂多老，至火候匀时，尖者已焦而蒂尚未熟。二者杂之，茶安得佳？松萝茶制者，每叶皆剪去其尖蒂，但留中段，故茶皆一色而功力烦矣。宜其价之高也。"由此可见，松萝茶不但选料精，炒青与烘焙的火候更为讲究。明代罗廪在《茶解》（约成书于 1609 年）中简要记载了松萝茶的制作方法："松萝茶，出休宁松萝山，僧大方所创造。其法，将茶摘去筋脉，银铫妙制。"明代闻龙的《茶笺》（约成书于1610年）详细记载了松萝茶的制作方法，他说："茶初摘时，须拣去枝梗老叶，惟取嫩叶；又须去尖与柄，恐其易焦。此松萝法也。炒时须一人从傍扇之，以祛热气。否则黄色，香味俱减，予所亲试。扇者色翠，不扇色黄。炒起出铛时，置大磁盘中，仍须急扇，令热气稍退，以手重揉之；再散入铛，文火炒干入焙。盖揉则其津上浮，点时香味易出。"

明末湖广武陵（现常德市）人龙膺，在万历壬子年（1612年）为明代大茶学家罗廪的《茶解》书跋。在跋中，龙膺难得记录了他当年亲眼看见大方和尚做茶的事情，学后又把制茶方法记录于其茶学专著《蒙史》之中："其制法，用铛磨擦光净，以干松枝为薪，炊热候微炙手，将嫩茶一握置铛中，札札有声，急手炒匀，出之箕上。箕用细篾为之，薄摊箕内，用扇搧冷，略加揉捼。再略炒，另入文火铛焙干，色如翡翠。"由此可见，松萝茶工艺的关键是炒锅预热，快炒速冷，文火焙干，其代表了晚明时期炒制绿茶最精湛的工艺。其后，龙膺将之传授给了自己的哥哥。《茶解》之跋开篇就说："家孝廉兄有茶圃，在桃花源，西岩幽奇，别一天地，琪花珍羽，莫能辨识其名。所产茶，实用蒸法如岕茶，弗知有炒焙、揉挪之法。予理鄀日，始游松萝山，亲见方长老制茶法甚具，予手书茶僧卷赠之，归而传其法。……予晚节嗜茶益癖……茗必松萝，始御弗继，则以天池、顾渚需次焉。"

上面说了松萝茶的制法，那松萝茶的特点是怎样的呢？

"公安三袁"之一的袁宏道曾记述他收到徽州人赠送松萝茶的经历，为此他写了一首诗《月下过小修净绿堂试吴客所饷松萝茶》，

诗中写道："碧芽拈试火前新，洗却诗肠数斗尘。江水又逢真陆羽，吴瓶重泻旧翁春。和云题去连筐叶，与月同来醉道人。竹影一堂修碧冷，乳花浮动雪鳞鳞。"明代黄龙德撰于 1615 年的《茶说》对松萝茶记道："真松萝出自僧大方所制，烹之色若绿筠，香若兰蕙，味若甘露，虽经日而色、香、味竟如初烹而终不易。"清代乾隆年间进士刘銮在《五石瓠》里说："大抵其色积如雪，其香则幽兰，其味则味外之味，时与二三韵士，品题闵氏之茶，其松萝之禅乎，淡远如岕（茶），沉著如六安（茶），醇厚与北源朗园（茶），无得傲之，虽百碗而不厌者也。"清人吴嘉纪写过一首《松萝茶歌》，道出了松萝茶的外形："今人饮茶只饮味，谁识歙州大方片？松萝山中嫩叶萌，老僧顾盼心神清。竹篾提挈一人摘，松火青荧深夜烹。韵事倡来曾几载，千峰万峰丛乱生。春残男妇采已毕，山村薄云隐百日。卷绿焙鲜处处同，蕙香兰气家家出。北源土沃偏有味，黄山石瘦若无色。紫霞摸山两幽绝，谷暗蹊寒苦难得。种同地异质遂殊，不宜南乡但宜北。"文中的"歙州大方片"的说法，让我们知道松萝茶炒制之后呈现为片状，与龙井茶的外貌相似。

可见，当时的松萝茶是片形，干茶色白，烹之色绿，香若幽兰，袅袅不去，有味外之味。

在这里要提一提明人费元禄，这是一位有着极高鉴赏能力的文人，他对茶有精深的研究，深悉茶理。费元禄在《鼂采馆清课》中对其时各地所产名茶有着甚为精到的论述："孟坚有茶癖，余盖有同嗜焉。异时初至五湖，会使者自吴越归，得虎丘龙井及松萝以献。余汲龙泉石井烹之，同孟坚师之叔斗品弹射，益以武夷云雾诸芽，辄松萝虎丘为胜，武夷次之。松萝虎丘制法精特，风韵不乏，第性不耐久，经时则味减矣。耐性终归武夷，虽经春可也。最后得蒙山，莹然如玉，清液妙品，殆如金茎。当由云气凝结故耳。"费元禄对当时最负盛名的虎丘、龙井、松萝、武夷、蒙山诸茶进行了比较评说，指出了每一种名茶的特点，其后说到松萝茶与虎丘茶不耐久，唯独武夷茶可以久存，经年不败。武夷茶耐泡味厚，费元禄一语中的。清代初期，武夷茶求变而对松萝茶工艺进行模仿，从而造就了乌龙茶的诞生。

我在查阅资料的时候遇到两件有意思的事。

仇英，明代绘画大师，吴门四家之一。他所绘的《清明上河图》在诸多的明代摹本里是个重灾区，我国各个博物馆里的藏的"仇英"版本的《清明上河图》很多，有台北故宫博物院版本、辽宁博物馆版本、青州博物馆版本，在民间的也有。其中有一个辛丑版本的，在这个画本里有一家满座茶客的茶楼，楼外书"松萝茶室"四个大字。很多人据此认为当时松萝茶已经誉满江南了。非也。我觉得这个版本有

两种可能，其一，确为仇英所画，但此"松萝"只是一个风雅的茶室名称而已，非指松萝茶。因为仇英生活的年代，大方和尚还未在松萝结庵，也就是说松萝茶还未诞生，仇英何见？其二，后世赝品，此《清明上河图》非仇英所画。

清乾隆时的《秋灯丛话》里面记载了这么一个故事："北人贾某，贸易江南，善食猪首，兼数人之量。有精于歧黄者见之，问其仆，曰：'每餐如是，有十余年矣。'医者曰：'疾将作，凡医不能治也。'候其归，尾之北上，将为奇货，久之无恙。复细询前仆，曰：'主人食后，必满饮松萝数瓯。'医者爽然曰：'此毒惟松萝可解。'然后而返。"这个故事反映了古代中医对茶的"茗叶利大肠……

消宿食""久食令人瘦，去人脂"作用的认知。用现在的科学语言来说，正是茶中的特性物质咖啡碱促进胃液分泌，提高胃肠蠕动能力进而起到了消食的作用，方使"善食猪首，兼数人之量"的北人贾某"久之无恙"。

万历末，闵茶的出现，进一步提高了松萝茶的知名度。王弘撰，华阴人，字文修。监生，博学工书。顾炎武称其为"关中声气之领袖"。王弘撰在他的著述《山志》里说："今之松萝茗有最佳者曰'闵茶'，盖始于闵汶水，今特依其法制之耳。汶水高蹈之士，董文敏亟称之云。"闵茶就是闵汶水所制的松萝茶。

闵汶水何许人也？关于闵汶水的记载，散见于明清两代的笔记、诗文，但都不是很详尽。能够知道的是，明隆庆二年（1568年），也就是大方和尚刚到松萝山结庐的时候，闵汶水出生了。闵汶水，休宁人，在十几岁的时候就开始做茶，以卖茶为业。对于松萝茶，闵汶水继承了大方和尚的制法并加以改良，"别裁新制，曲尽旗枪之妙，与俗手迥异"，创制了松萝茶的新品牌——闵老子茶。这是迄今为止我在资料上见到的最早有个人品牌的茶类。自此，"闵茶名垂五十年"。其后闵汶水迁居南京桃叶渡，把茶肆开到了六朝古都烟柳繁华之地，这个茶肆就是茶史上赫赫有名的花乳斋。

清乾隆年间，进士刘銮在他的著述《五石瓠》中记载道："休宁闵茶，万历末，闵汶水所制。其子闵子长、闵际行继之。既以为名，亦售而获利，市以金陵桃叶渡边，凡数十年。"刘銮在《五石瓠》中还说他的朋友陈允衡写了一篇《花乳斋茶品》，讲到陈允衡时常到闵汶水的花乳斋与闵汶水的儿子闵际行在一起啜茗品饮，交情颇深，甚至"移日忘归"。闵汶水逝于何年，一直未查到确切资料，但肯定是在1638年至1679年之间，因为明末清初的张岱初会闵汶水是在

1638年，时闵汶水年已古稀。在闵汶水去世时，张岱曾悲叹道："金陵闵汶水死后，茶之一道绝矣！"

4. 茶淫改良日铸茶

悲叹闵汶水的张岱又是何许人也？前文讲过，明隆庆年间，大方和尚在松萝山结庵而居，采摘当地的山茶，施以虎丘茶的制茶工艺使松萝茶诞生。松萝茶诞生30年后张岱出生了。

张岱，字宗子，号陶庵，晚年更名蝶庵。浙江山阴（今浙江绍兴）人，祖籍四川剑门。明清之际史学家、文学家。史学方面与谈迁、万斯同、查继佐并称"浙东四大史家"。张岱出身仕宦家庭，祖

上是"宋代名将，魏国公张浚"。张岱在《百丈泉序》中说："余宗
人分居剡中簧院，皆魏公后裔也。"他的高祖叫张天复，做过云南按
察副使、太仆寺卿。曾祖父张元忭，明隆庆五年（1571年）状元，授
翰林院修撰。祖父张汝霖，万历二十三年（1592年）进士，做过清江
县令。张岱的父亲张耀芳是大明藩王鲁王府的右长史。

虽然家事显赫，但张岱没有走仕途这条路，在其《自为墓志铭》
里，张岱说："蜀人张岱，陶庵其号也。少为纨绔子弟，极爱繁华，
好精舍，好美婢，好娈童，好鲜衣，好美食，好骏马，好华灯，好烟
火，好梨园，好鼓吹，好古董，好花鸟，兼以茶淫橘虐，书蠹诗魔。"
可见，张岱早年过着精舍美婢、鲜衣美食、弹咏吟唱的贵公子生活。
他的一生历经了明清两朝的时代更替，"年至五十，国破家亡，避迹
山居。所幸存者，破床破几，折鼎病琴，与残书数帙，缺砚一方而
已。布衣疏食，常至炊断。回首二十年前，真如隔世"。晚年的张岱
坚守贫困，潜心著述，《陶庵梦忆》《西湖梦寻》《石匮书》等作品
相继问世。康熙十八年（1679年），张岱溘然逝去。

张岱天资聪慧，自小就有"神童"之名。他在《麋公》《自为墓
志铭》里记载过一个自己与陈继儒对对子的趣事。万历甲辰年（1604
年），有一个老中医驯养了一头大角鹿，老人给鹿的脚趾装上铁套，
把皮带套在鹿身上，装好笼头和嚼子，在鹿角上挂个葫芦药瓮，骑鹿
而行，边走边给人看病。"家大人见之喜，欲售其鹿，老人欣然肯解
以赠，大人以三十金售之。五月朔日为大父寿，大父伟硕，跨之走数
百步，辄立而喘，常命小傒笼之，从游山泽。次年，至云间，解赠陈
眉公。眉公羸瘦，行可连二三里，大喜。后携至西湖六桥、三竺间，
竹冠羽衣，往来于长堤深柳之下，见者啧啧，称为'谪仙'。后眉公
复号'麋公'者，以此。"张岱的父亲买下大角鹿，作为寿礼献给了

张岱的爷爷张汝霖。而张汝霖和陈继儒是多年的老朋友，交情很好。张汝霖身材魁梧，鹿不堪负，他就把这头大角麋鹿转送给了陈继儒，陈继儒很喜欢这头鹿，经常骑着它出行游玩，行人觉得这位骑鹿的人像神仙下凡，都啧啧称叹，艳羡不已。从此以后，陈继儒自号"麋公"。

有一次，张岱跟着爷爷张汝霖出门，遇到了骑鹿出行的陈继儒。陈继儒"对大父曰：'闻文孙善属对，吾面试之。'因指《李白

骑鲸图》曰：'太白骑鲸，采石江边捞夜月。'余应曰：'眉公跨鹿，钱塘县里打秋风。'眉公大笑起跃曰：'那得灵隽若此，吾小友也。'"。"打秋风"，是江浙一带的方言，有占别人便宜的意思。才思敏捷的张岱说起话来不但对仗工整，还顺便挖苦了一下这位出来混吃喝的长者。陈氏听罢不以为忤，竟将张岱认作"小友"。后来张岱的《古今义烈传》写毕，专门请陈继儒作序，陈欣然挥之。

文学创作方面，张岱以小品文见长，以"小品圣手"名世。张岱说自己的小品文："方言巷咏、嘻笑琐屑之事，然略经点染便成至文，读者如历山川，如睹风俗，如瞻宫阙宗庙之丽，殆与《采薇》《麦秀》同其感慨而出之以诙谐者欤？"张岱的小品文短小活泼、清新流利，名景状物接地气，有人间烟火。正如周作人所说："张宗子是个都会诗人，他所注意的是人事而非天然，山水不过是他所写的生活的背景。"

很多朋友了解张岱都是源自他的《湖心亭看雪》，"崇祯五年十二月，余住西湖。大雪三日，湖中人鸟声俱绝。是日更定矣，余挐一小舟，拥毳衣炉火，独往湖心亭看雪。雾凇沆砀，天与云、与山、与水，上下一白。湖上影子，惟长堤一痕、湖心亭一点、与余舟一芥、舟中人两三粒而已。到亭上，有两人铺毡对坐，一童子烧酒炉正沸。见余，大喜曰：'湖中焉得更有此人！'拉余同饮。余强饮三大白而别。问其姓氏，是金陵人，客此。及下船，舟子喃喃曰：'莫说相公痴，更有痴似相公者！'"张岱的文字恰似国画中的白描，寥寥数笔就把天人合一的山水之乐融入读者的眼帘。

不得不提的是，这位被划船舟子称为痴相公的张岱，更痴迷于茶。《唐国史补》说茶圣陆羽"有文学，多意思，耻一物不尽其妙，茶术尤著"。这句"耻一物不尽其妙，茶术尤著"放在张岱身上是再

恰当不过了。不管玩什么，张岱都玩得精深。于茶来说，张岱善于辨别茶的品种、产地、高下，熟悉制茶工艺，精于沏茶用水。他的家乡山阴有一种久负盛名的茶品——日铸茶，产于绍兴市东南五十里的会稽山日铸岭。日铸茶是我国历史名茶之一，北宋欧阳修在《归田录》中写道："草茶盛于两浙，两浙之品，日铸第一。"南宋高似孙的《剡录》也说："会稽山茶，以日铸名天下。"

日铸茶在明末被制作工艺精良的安徽松萝茶超过，绍兴名茶日铸失去了往日的光彩。张岱自己也说："且以做茶日铸，全靠本山之人，是犹三家村子，使之治山珍海错，烹饪燔炙，一无是处。"但是这位"茶淫"很不服气，"遂募歙人入日铸"，带着招来的安徽松萝茶制茶工人和他的叔父一起参照松萝茶的新工艺，把传统的日铸茶改良成了新品种兰雪茶。

兰雪茶的制作工艺仍袭松萝，"抃法、搯法、挪法、撒法、扇法、炒法、焙法、藏法，一如松萝"。但是冲泡后滋味不同于松萝。"他泉瀹之，香气不出，煮禊泉，投以小罐，则香太浓郁"，冥思后"杂入茉莉，再三较量，用敞口瓷瓯淡放之。候其冷，以旋滚汤冲泻之，色如竹箨方解，绿粉初匀，又如山窗初曙，透纸黎光。取清妃白，倾向素瓷，真如百茎素兰同雪涛并泻也。雪芽得其色矣，未得其气，余戏呼之兰雪"。

兰雪茶改良成功，四五年后风行越中。张岱言其竟导致"越之好事者不食松萝，止食兰雪"，甚至不久以后"徽歙间松萝亦名兰雪。向以松萝名者，封面系换，则又奇矣"。可以看出，张岱的字里行间也颇以此为负。但是命运却跟张岱开了一个大玩笑，顺治七年（1650年），经过丧乱的张岱已一贫如洗，他在市场上见到兰雪茶时，只能闻闻茶香，却无力购买，因作《见日铸佳茶，不能买，嗅之而已》记此事："余经丧乱余，断饮已四祀。庚寅三月间，不图复见此。瀹水辨枪旗，色香一何似。盈斤索千钱，囊涩止空纸。辗转更踌躇，攘臂走阶址。意殊不能割，嗅之而已矣。嗟余家已亡，虽生亦如死。"想象得到，对于这样一个讲究精致生活的人来说，其时心境何堪。真是让人不禁唏嘘命运之无常。

张岱于识泉辨水亦是高手，有名的禊泉即是他辨别出的。大家看看这位痴相公对辨识禊泉水的描述有多精专："辨禊泉者无他法，取水入口，第桥舌舐腭，过颊即空，若无水可咽者，是为禊泉。"

5. 闵茶统御饮风流

那么，能令张岱这样的"茶淫"说出让"茶之一道绝矣"的金陵闵汶水于明末茶界又有多么的举足轻重呢？

学过历史的朋友都知道，在明中晚期，商品经济起飞，社会繁华。官宦、士大夫、文人阶层追求优雅、闲适、超脱、有品位的生活，茶正好在这个时候充当了一个重要载体，其时嗜茶成风。品茶、以茶会友被视为富有才学与清雅修养的表现。明末许多名流雅士均嗜茶，且以能品闵茶为荣，以结交闵汶水为幸，以与闵汶水交往所获得的娴雅为趣。公卿、文人、墨客、士林名流无不雅会花乳斋，登堂啜饮，趋之若鹜，"汶水君几以汤社主风雅"。

董其昌，字玄宰，号思白，松江华亭（今上海市）人，官至礼部尚书，大书法家、画家。其书法出入晋唐，自成一格，"华亭画派"的代表，有"颜骨赵姿"之誉。董其昌的画与画论对明末清初画坛影响非常巨大。崇祯九年，卒，赐谥"文敏"。董其昌在《容台集》中有这样的记载："金陵春卿署中，时有以松萝茗相贻者，平平耳。归

来山馆得啜尤物，询知为闵汶水所蓄。汶水家在金陵，与余相及，海上之鸥，舞而不下，盖知希为贵，鲜游大人者。昔陆羽以粗茗事，为贵人所侮，作《毁茶论》。如汶水者，知其终不作此论矣。"董其昌与闵汶水因茶结交，视闵老子茶为"尤物"。闵汶水在桃叶渡的茶肆招牌，就是董其昌的书法。俞樾《茶香室丛钞》说："万历末，闵汶水……市于金陵桃叶渡边，名'花乳斋'，董文敏以云脚闲勋颜其堂，陈眉公为作歌。"

为闵汶水赋诗的陈眉公何许人也？他就是前面讲过的那位骑鹿游玩并与张岱对对联的陈继儒。陈继儒，字仲醇，号眉公、麋公。《明史·隐逸传》说："陈继儒，字仲醇，松江华亭人。幼颖异，能文章，同郡徐阶特器重之。长为诸生，与董其昌齐名。太仓王锡爵招与子衡读书支硎山。王世贞亦雅重继儒，三吴名士争欲得为师友……工诗善文，短翰小词，皆极风雅，兼能绘事。"这位声望显赫的大名士说闵老子茶"饮百碗而不厌"，可见"闵茶"之高。

阮大铖，字集之，号圆海，晚明戏曲大家、文学家，著有《咏怀堂诗集》《石巢四种》。明亡后，其在福王朱由崧的南明朝廷中官至兵部尚书。阮大铖文采斐然、辞情华赡，才气直追汤显祖。陈寅恪先生曾评论过阮大铖："圆海人品史有定评，不待多论。往岁读咏怀堂集，颇喜之，以为可与严惟中之钤山、王修微之樾馆两集，同是有明一代诗什之佼佼者。"这位戏曲大家也常去花乳斋品茶，著有《过闵汶水茗饮》一诗，对"闵茶"赞赏有加。诗云："茗隐从知岁月深，幽人斗室即孤岑。微言亦预真长理，小酌聊澄谢客心。静泛青瓷流乳雪，晴敲白石沸潮音。对君殊觉壶觞俗，别有清机转竹林。"

王月生，张岱的红颜知己，当时的金陵名妓，美丽聪慧，孤傲清高，曾在复社人士举办的"品藻花案"（即歌伎选美）中拔得头魁。余怀的《板桥杂记》说王月生："字微波。善自修饰，顾身玉立，皓齿明眸，异常妖冶，名动公卿……品藻花案，设立层台，以坐状元。二十余人中，考微波第一，登台奏乐，进金屈卮。南曲诸姬皆色沮，渐逸去。"余诗云："月中仙子花中王，第一姮娥第一香。"张岱的《陶庵梦忆》卷八记其风韵："面色如建兰初开，楚楚文弱，纤趾一牙，如出水红菱。矜贵寡言笑，女兄弟闲客，多方狡狯，嘲弄咍侮，不能勾其一粲，善楷书，画兰竹水仙，亦解吴歌，不易出口。"

文学史上以佳茗比佳人，印象中是苏东坡首书："仙山灵雨湿行云，洗遍香肌粉未匀。明月来投玉川子，清风吹破武林春。要知玉雪心肠好，不是膏油首面新。戏作小诗君勿笑，从来佳茗似佳

人。"张岱把这溢美之比不吝地放到了王月生身上，他在《曲中妓王月生》里说："及余一晤王月生，恍见此茶能语矣。蹴三致一步咨移，狷洁幽闲意如水。依稀箨粉解新篁，一茎秋兰初放蕊……但以佳茗比佳人，自古何人见及此？"王月生在当时的南京有多红，张岱说："南中勋戚大老力致之，亦不能竟一席。富商权胥得其主席半晌，先一日送书帕，非十金则五金，不敢亵订。与合卺，非下聘一二月前，则终岁不得也。"这位把张岱迷得神魂颠倒的金陵名妓"好茶，善闵老子，虽大风雨、大宴会，必至老子家啜茶数壶而去。所交有当意者，亦期与老子家会"，由此可见闵汶水其人、其茶魅力之大。

再提一位"反面人物"。周亮工，字元亮，明末清初文学家、篆刻家、收藏家，做过福建左布政使。他跟前文中那些人不同，周唱的是反调，却衬托了"闵茶"。因时人重"闵茶"而忽视闽茶，他为闽茶打抱不平。周亮工在《闽茶曲》一诗中讥讽闵老子茶："歙客秦淮盛自夸，罗囊珍重过仙霞。不知薛老全苏意，造作兰香诮闵家。"又说："秣陵好事者，常诮闽无茶，谓闽客得闽茶，咸制为罗囊，佩而嗅之以代旃檀，实则闽不重汶水也。闽客游秣陵者，宋比玉、洪仲章辈，类依附吴儿，强作解事，贱家鸡而贵野鹜，宜为其所诮也。"虽然是贬低，但也足见闵老子茶当年巨大的影响力。这位周亮工倒是个勤快人，为了解"闵茶"他曾亲访闵汶水，一品闵茶。回来后写道："歙人闵汶水居桃叶渡上，予往品茶其家，见水火皆自任，以小酒盏酌客，颇极烹饮态。"虽然周对"闵茶"不服气，但看得出他字里行间对闵汶水的茶艺、茶品是极敬重的。

清末著名学者、书法家俞樾在《茶香室丛钞》"闵茶"一文中说："余与皖南北人多相识，而未得一品闵茶，未知今尚有否也。"

俞樾因为没有品尝到"闵茶"而抱憾，足见"闵茶"影响之大。

6.岱访汶水桃叶渡

被王弘撰称为"高蹈之士"、被董文敏"亟称之"、被陈眉公"作歌"、被周亮工赞"见水火皆自任""颇极烹饮态"的闵汶水，以一介茶商身份统御了明末文人的饮茶风流，让这么多文人骚客对其顶礼膜拜、推崇有加，自然也落不下张岱这个"茶淫"之人。

张岱、闵汶水在1638年9月的交游颇具传奇色彩，这一幕被张岱其后书于文中，使我们得以一窥当时中国茶界顶尖高手初次会面时于不动声色中的巅峰对决。幸而张岱的《陶庵梦忆》没有像《茶史》一样丢失，否则这段精彩纷呈的茶史清话亦遭湮灭。

时间定格在明崇祯十一年（1638年）的九月。其时，清兵入侵大明。崇祯帝召宣（宣化）、大（大同）、山西三总兵入卫京师，又三赐卢象升尚方剑令督天下援兵。蓟辽总督吴阿衡、总兵鲁宗文战败而死，清军长驱直入，屯兵牛栏山而虎视北京。同时，洪承畴与李自成激战于潼关。也是这年，爱新觉罗·福临（顺治皇帝）降生了。

于此天下纷争、人人自危，行将改朝换代的乱世前夜，一叶扁舟从绍兴起锚，飘荡荡，逆流而上，最终停靠在了金陵十里秦淮的桃叶渡。桃叶渡又叫南浦渡，它的位置在六朝古都南京秦淮河与古青溪水相合之处，金陵四十八景之一。渡口有一个牌坊，上书"古桃叶渡"四字。

怎么就叫"桃叶渡"了呢？民间说，过去沿岸栽满了桃树，春风一来，就会把桃树的叶片纷纷扬扬地吹起，荡落在河面上。往来两岸的人与河上行船的舟子看着随波荡漾的桃叶，顺其意境，就叫它桃叶

渡了。

　　东晋时候，书圣王羲之有个儿子，排行在七，叫王献之，字子敬。这位王献之可不得了，他是晋简文帝司马昱的女婿、晋安帝司马德宗的岳父。王献之书法入神，在书法史上与父亲王羲之并称"二王"。南北朝南梁书画理论家袁昂在《古今书评》里说："张芝惊奇，钟繇特绝，逸少鼎能，献之冠世。"少负盛名、放达不羁的王献之与"桃叶渡"渊源颇深。清光绪年举人王家枚有一首《桃叶渡》，记述了王献之发生在桃叶渡的爱情故事。诗说：

　　　　桃叶渡头春漠漠，子敬风流谁继作。
　　　　珠箔半挂玉钩斜，临水家家开画阁。
　　　　玉箫金管打桨迎，如花女儿花灼灼。

纤腰戒削眉弯环，春衫称身身绰约。

玻璃之船鹦鹉杯，碧醴红梁随意酌。

晚霞衔山白日落，照脸明镫红晕薄。

燕燕莺莺啼尽春，往事而今化作尘。

渡头春水依然碧，只见桃花不见人。

　　这首诗讲的是民间流传的王献之与其爱妾桃叶的情深往事。两人相会的桃叶渡在两河之交，水流湍急，时有吓人的翻船之事。王献之对每每往返于秦淮河的爱人桃叶很不放心，总是亲自站在渡口迎送。这是个缺枝少叶的爱情故事，桃叶是哪儿的人？她为什么要经常来往于秦淮河？不得而知。我们只能从王献之与桃叶答和的《桃叶歌》里窥之一二。"桃叶复桃叶，渡江不用楫。但渡无所苦，我自迎接汝。""桃叶映红花，无风自婀娜。春花映何限，感郎独采我。"王献之的"名人效应"让桃叶渡名声大噪，自那时起，桃叶渡成为历代名雅之士游金陵的必赏之地。
　　每次到桃叶渡游赏，我总会想起明末清初金陵女史纪映淮的那首《秦淮竹枝》："栖鸦流水点秋光，爱此萧疏树几行。不与行人绾离别，赋成谢女雪飞香。"清初王士禛对此文极赏，作《秦淮杂咏》和之："十里清淮水连桥，板桥斜日柳毵毵。栖鸦流水空萧瑟，不见题诗纪阿男。"纪映淮，字冒绿，小字阿男。王士禛在《池北偶谈》里说："女名映淮，字阿男……及笄，嫁莒州杜氏，早寡，年五十余，以节终。予在仪制时，下有司旌表之。"纪映淮长在传统书香门第之家，幼通经史，工韵语。于及笄之年遵父母命，嫁山东莒州杜家。离开金陵前，这位满腹才情的妙龄少女独自来到桃叶渡口祈祷自己的幸福生活。在天上皎洁的明月下，在荡着桃叶的秦淮春水旁，她浅声低

吟："清溪有桃叶，流水载佳人。名以王郎久，花犹古渡新。楫摇秦代月，枝带晋时春。莫谓供凭揽，因之可结邻。"这首发古之幽思的《桃叶歌》一直传唱至今。现在古桃叶渡渡口牌坊的坊联"楫摇秦代水，枝带晋时风"即由此来。

"盈盈秦淮水，脉脉桃叶渡"，小舟靠岸，一位丰神俊逸、面若朝霞的翩翩中年文生从船上走了下来，他就是誉满天下的张岱。有朋友说，这个风流的家伙居然跑到十里秦淮河去会那些美女娇娃。错！张岱兴冲冲地从绍兴赶到桃叶渡，不是去会秦淮两岸的佳丽，他是要去见一个让自己"心仪许久"的卖茶老头儿——闵汶水。

闵汶水与张岱的同乡绍兴人周又新是好友，而周又新与张岱交好。张岱久慕闵汶水却未谋面，于是周又新就决定撮合二者一会。张岱在《茶史序》里说："周又新先生每啜茶，辄道白门闵汶水，尝曰：'恨不令宗子见。'一日，汶水至越访又新先生，携茶具，急至予舍。余时在武陵，不值，后归，甚懊丧。"有一次，闵汶水到绍兴访周又新，跟着周又新一起去张岱家会张岱。事不凑巧，张岱身在武陵未归，错过了。张岱回家后得知此事懊恼不已。

好戏行将开锣，这就拉开了脍炙人口的"戊寅九月至留都，抵岸，即访闵汶水于桃叶渡"的精彩大幕。

张岱到花乳斋的时候是当天下午三点多了，"时日晡矣，余至汶水家，汶水亦他出，余坐久……及至，则眊眊一老子。"张岱初见闵老子的时候，看其面相，就觉得他是一位有德操的老人。哪知道闵老子见张岱的情态是"愕愕如野鹿不可接"，根本就不把张岱这位明清两际的文章大家、这位过着精舍美婢、鲜衣美食、弹咏吟唱的贵公子、这位知茶辨水的高手，当回事。可见闵汶水眼光之清高。

"方叙话，遽起曰：'杖忘某所。又去。'"刚说两句话，闵汶水就站起来说："不好意思，我的拐棍儿忘到别处了，我得去找一找。"说罢便离开了。等闵汶水回来的时候，"更定矣"，晚上八点多，天都黑了，把张岱一晾就是半天。"睨余曰：'客尚在耶？客在奚为者？'"闵汶水对这位腻着不走的客人很诧异，乜斜着眼睛打量张岱："您怎么还在啊？您有什么事吗？"

闵汶水的字里行间不但没透出丁点儿的歉意，反而是告诉访客，"您这人也太不识时务，我早已经委婉地示意了，不接待您。走就完了，还在这儿待着，多没意思"。此外，闵汶水除去茶道大家的身份，本身也是一个商人。他对访客说的这句话没有半点儿商业气息，这就反映出闵汶水视钱财极轻，在张岱笔下，这是位活脱脱的超俗之人。

7. 精绝暗战花乳斋

张岱没携好友周又新，也没告诉闵汶水自己是谁，敢千里迢迢独自到访花乳斋，究其原因，仰慕闵汶水自不必说，同时也带着想在茶学上跟闵汶水切磋或者"较量"一下的来意。这说明张岱有着足够的自信，他相信自己于茶之所知不会逊于这位因茶而名满天下的前辈高人。从这点上看，也透着张岱的"狡猾"，他就是要占"知己知彼"之利而让闵汶水处于"知己不知彼"之位，使自己在当日可能发生的茶识论战中占得先机。

高手，都不简单。

张岱清楚地知道这是什么地方。这是金陵的十里秦淮河，这是秦淮河上的桃叶渡，这是桃叶渡旁的花乳斋，这是中国茶界的殿堂。自己对面这个态度冰冷的"婆娑一老"是其时华夏茶人的祖宗尖儿——

闵汶水，神一般的存在。

换作别人，瞅着老头儿一脸的冰霜，当时就得犯怵。还得说这位散文大家、小品圣手，果不寻常。听了闵汶水的话，张岱一不慌，二不忙，站起身来，对着闵汶水躬身施礼，斩钉截铁而又极富煽情地说了这么句话："慕汶老久，今日不畅饮汶老茶，决不去。"意思是我是您的铁杆"水粉"，日日夜夜盼着能见到您真人，今天好不容易见着了，不给我喝壶您的好茶，打死都不走。一听这话，闵汶水高兴了。张岱接着写道："汶水喜，自起当炉。茶旋煮，速如风雨。导至一室，明窗净几，荆溪壶、成宣窑瓷瓯十余种，皆精绝。"可见，闵汶水还直接将接待规格升高了一级，张岱被让进茶室待茶。

进入闵汶水的茶室，就像进了博物院，上好的荆溪茶壶、成宣年间的瓷瓯位列其间，皆精绝。闵汶水将煮好的茶倒入杯中递给张岱，"灯下视茶色，与瓷瓯无别而香气逼人，余叫绝"。细细看了闵汶水泡的茶汤，闻了闻香气，老成的张岱心里叫好，脸上却不露声色，淡淡地问了一句："您这茶是哪儿产的？""是阆苑茶。"闵汶水头也不抬答道。这时候的闵汶水可不知道对面的这位相公是名满天下的"茶淫"张岱。一个递招儿，一个接招儿，中国茶史上最清绝的轶事、最巅峰的对决，就从这么不经意的两句问答开始了。

张岱不紧不慢地呷了一口茶，徐徐咽下，吧唧吧唧滋味，又喝了一口，抬头，说："莫绐余，是阆苑制法而味不似。"意思是说，别骗我了，这个茶只是采用了阆苑茶的制法，味道不是阆苑茶。本打算礼貌性应酬一下粉丝的闵汶水听了张岱这话，心里就是一动，暗忖："厉害，一语中的！我与此子素昧平生，不知其来何为，切莫小觑了他。"于是一张老脸"唰"地堆积起笑纹，貌似和蔼实则狡黠地问道："不是阆苑茶？那您说，这是什么茶呢？"这可不是简单的一

问，这话说的是柔中带刚，绵里藏针。高手过招，胜负就在须臾之间。说错了，端茶送客；说对了，我还有后手儿。闵汶水确是老辣，声色不动地使了进可攻、退可守的一招儿。张岱接住了，品茶继续。接不住，我管你这不速之客是谁，我管你是真慕名而来品我茶的，还是不怀好意跑我这儿来踢馆的，反正今天晚上得让你栽在秦淮河桃叶渡我这小小的花乳斋里。

高手，都够狠。

说不紧张，那真是吹牛了。张岱知道，自己的脑门儿已经冒出了外人不易察觉的微汗，但沉厚的茶学根基又让他瞬间静了下来。定了定心神，又喝了一口茶，仔细品品滋味，辨辨水性，信心满满地说："这太像罗岕的茶了。"闵汶水真没料到张岱的回答如此迅速且精准，话一出口，他被惊得舌头都吐了出来，连声说："奇哉，奇哉。"一招儿接过，张岱心里有了底，开始还招儿。他问闵汶水："跟您请教，您这沏茶之水又是用的哪儿的水呢？"闵汶水不敢轻视张岱了，实打实地说："惠泉。"精于析泉用水的张岱觉得闵汶水说的不是实话，干脆单刀直入："您别骗我了，惠泉水那么远运到这儿，水质不可能不改变，这个水不是惠泉。"寥寥数语，却字字珠玑。闵汶水这时被张岱搞得有点紧张了，赶紧说："贵客，我这个人呀，老了老了爱开玩笑，刚才蒙您，是逗着玩儿，看看您是不是真的识茶、爱茶。这回可没敢再骗您，向天发誓，这水真是惠泉。只是我取水的方法跟别人不同。我去取水的时候是先把井淘干净，清洗了，接着就在那儿候着。等到半夜新的泉水一涌出，就'旋汲之'装进事先预备好的大瓮里。然后在大瓮的底部放上惠泉的石头，把它们一起封好。'舟非风则勿行，水体不劳，水性不熟，故与他泉特异'。"说完，又吐舌头，双眼紧紧盯着对面的张岱，连声说："奇哉，奇哉。"

闵汶水用罗岕茶冒充阆苑茶蒙张岱，被张识破；张岱没有断出这是闵用新方法取来的惠泉水，到这儿，可以说两人打了个平手。此时的闵汶水已经知道面前的这个年轻人绝非等闲，稍有不慎，自己一世英名都有可能毁在今晚。他不再像刚开始泡茶那样匆忙敷衍了，而是拿出压箱底的好茶又泡了一壶出来，充满热情地说："客啜此。"

这泡茶一出，把暗战推向了高潮。

经过前面的递招儿、接招儿，进招儿，还招儿，张岱清清楚楚地知道面前的这位老者是自己的前辈知音，而且对其心生敬仰，所以不再拘谨。接茶一喝，感受直出胸臆，大赞而不绝于口，说："香扑烈，味浑厚，此春茶也。向瀹者的是秋采。"闵汶水听了，捻银髯，仰头，爽朗大笑："哈哈，'余年七十，精饮事五十馀年，未尝见客之赏鉴若此之精也'。"率真本性一露无余。对闵汶水来说，普天下的茶人他会了无数，没有几个能入其法眼。这真不是狂，是事实。他知道，现世能让他于茶事上留心的人只有一个，就是自己的好友周又新一再提及的、还未有机缘相会的那个叫张岱的山阴人。"五十年知己，无出客右。岂周又老谆谆向余道山阴有张宗老者，得非客乎？"好你个张岱，明明知道周又新屡屡向我提及你，还跟老朽我要滑头。虽有颠怪，却又全然充满了赞意。这壶茶，让闵汶水认出了坐在自己对面的客人正是名满天下的张岱，也让张岱实现了大饱"闵茶"的夙愿。

知音难觅。

年已古稀的闵汶水动情地说："我活了70年，你是我遇到的唯一懂茶的人呀！"要知道，那是1638年的明朝，那个时代的人有几个寿命能过70岁的。于内心，闵汶水清楚地知道自己来日无多。傲立茶道巅峰、一生痴醉于茶、阅人无数、洞透世事的他是多么期盼

"茶之一道"后继有人呀！我相信，就在那一刻，年已七旬的闵老子望着端坐在自己对面的这个年轻人，这个能让"茶之一道"继续发扬光大的后起之秀张岱，眼眶中一定是盈满了未涌出的滚烫泪珠。"余又大笑，遂相好如生平欢，饮啜无虚日。"

这场不期而遇的暗战，这场精彩纷呈的巅峰对决，跌宕起伏，观者心悬。每阅张岱的《茶史序》与《闵老子茶》，我都能感察出那字里行间充盈着的强大气场，都能隐隐听到在这个气场里高手过招时"飒飒"的衣履风声。

张岱对闵汶水敬仰有加，他后来在《闵汶水茶》《曲中妓土月生》两首诗中写道："十载茶淫徒苦刻，说向余人人不识。床头一卷陆羽经，彼用彼发多差忒。今来白下得异人，汶水老子称水厄……不信古人信胸臆，细细钻研七十年……刚柔燥湿必亲身，下气随之敢喘息？到得当炉啜一瓯，多少深心兼大力。""今来茗战得异人，桃叶渡口闵老子。钻研水火七十年，嚼碎虚空辨渣滓。白瓯沸雪发兰香，色似梨花透窗纸。舌间幽沁味同谁？甘酸都尽橄榄髓。"

俗话说得好，"英雄识英雄，豪杰爱好汉"，自此，两人成了惺惺相惜的茶中知音、莫逆好友。张岱跟闵汶水的初会，不提姓甚名谁，没有世俗功利，纯粹以茶相通，以茶相知，以茶相交。对于醉心于茶的他们来说，晚明动荡的江山根本配不上他们桌上的这壶茶。这壶茶，让刀光剑影暗淡，让鼓角争鸣失声。这壶里的乾坤、这茶中的世界，能抵这江山万里，能抵那美人如画。桃叶渡宗子会老子这一清绝茶事，在世界茶史上璀璨发光，泽耀后人。闵汶水去世时，于张岱来讲不亚如钟子期之亡，张岱闻讯悲叹道："金陵闵汶水死后，茶之一道绝矣。"

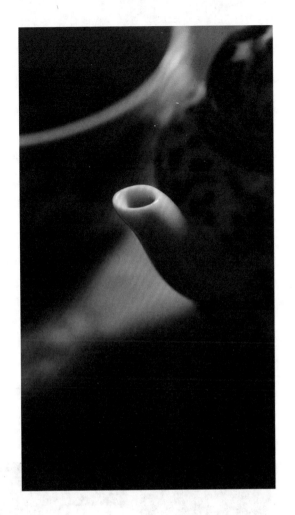

神农尝百草得"茶"而解，可谓之"茶祖"；释皎然书《茶诀》，可谓之"茶僧"；陆羽著《茶经》，可谓之"茶圣"；卢仝写《七碗茶歌》，可谓之"茶仙"。而闵汶水，这个在中国茶史里承上启下、应大书特书的精绝人物，实令我不知该冠其以何名……

8. 工夫茶始闵老子

　　总体来说，泡茶的器具是随着泡茶的形式而演变的。唐煎、宋点时期，饮茶器通常是容量较大的碗、盏。从实物上看，唐代茶碗的口径一般在 14 ～ 17 厘米。陆羽《茶经·四之器》说："瓯，越州上，口唇不卷，底卷而浅，受半升已下。"唐代的一升约合现在的 600 毫升，半升就是 300 毫升，比现在用的茶杯大太多了。宋代，茶盏的口径通常在 10 ～ 16 厘米。元代，揉捻工艺的出现，加快了散茶瀹泡的历史进程。明、清散茶瀹泡，客观上就会要求不必使用容量较大的茶器。到了明代中晚期，茶壶、茶杯成了茶桌上的主要器皿。

　　于 1595 年前后成书的明人张源《茶录》里，已经明确记载了壶

泡的方法："泡法，探汤纯熟便取起，先注少许壶中，祛荡冷气，倾出，然后投茶。茶多寡宜酌，不可过中失正。茶重则味苦香沉，水胜则色清气寡。两壶后，又用冷水荡涤，使壶凉洁。不则减茶香矣。罐熟则茶神不健，壶清水性常灵。稍俟茶水冲和，然后分酾布饮。酾不宜早，饮不宜迟。早则茶神未发，迟则妙馥先消。"张源记载的壶泡法已经与我们现在的壶泡法没什么区别了，就是洗壶、投茶、注水、分茶、品饮。

1623 年前后，明人冯可宾在他的《岕茶笺·论茶具》里说："……或问茶壶毕竟宜大宜小，茶壶以小为贵。每一客，壶一把，任其自斟自饮，方为得趣。何也？壶小则香不涣散，味不耽阁；况茶中香味，不先不后，只有一时。太早则未足，太迟则已过，的见得恰好，一泻而尽。"可见，当时的小茶壶已经在文人的茶桌上居于主要

地位。

茶壶变小，饮茶器相应地也会变小。对于饮茶器皿的选用，1609年明人罗廪在其《茶解》中说："瓯，以小为佳，不必求古，只宣、成、靖窑足矣。"

有明一朝，纵观许多茶画，如具代表性的明代画家丁云鹏的《卢仝煮茶图》《煮茶图》，常可见到一些撇口、弧体、圈足或高足的饮茶器。这些茶器在清代宫廷器型制度上，口径 9 ~ 10 厘米的称为"茶钟"，口径 12 厘米的叫"茶碗"。另外清宫还把口径 13.5 厘米的叫"汤碗"，口径 15 厘米的叫"膳碗"。明代茶事绘画中的饮茶生活场景，使我们知道其时饮茶所用器具的体型虽然较现代的茶杯大，但是对比唐、宋器具还是小了不少。

从文字资料上看，历史上第一个把"茶杯"两个字写到茶书里边的人，就是前面提到的明朝人冯可宾。在他的《岕茶笺·论茶具》里还有如下文字："茶壶，窑器为上，锡次之。茶杯，汝、官、哥、定，如未可多得，则适意者为佳耳。"1623 年前后，冯可宾的茶书中出现了"茶杯"二字，这个词绝不是偶然的出现。要知道，任何新鲜事物的出现都有它的底层逻辑来做支点。那么茶杯出现的底层逻辑支点在哪儿呢？

支点有二。

其一，高度蒸馏白酒的出现。我们先来了解一个常识，高度蒸馏白酒的出现是在元朝。在这之前，人们所饮用的酒度数低，使用的酒杯或者酒盏，都是体型较大的东西。妇孺皆知的山东好汉武松"三碗不过冈"的故事就很能说明问题。在景阳冈前的酒肆里，武二郎连喝十八碗，要是二锅头的话，早成醉猫了，施耐庵的《水浒传》里也就不会有"景阳冈武松打虎"这样精彩的章节。

元朝末年，李昱的《戏柬池莘仲》诗写道："少年一饮轻千钟，力微难染桃花容。年深始作汗酒法，以一当十味且浓。王君亲传坎离鼎，出瓮鹅黄煮秋影。檀心味烈九酝同，醉倒伯伦呼不醒。"一句"以一当十"明确地点出了蒸馏酒的度数要远远高于其他类型的酒。高度白酒的出现与普及在客观上必然会促使饮酒所用器皿的体型变小，即容积减小。

其二，茶人的倡导。在明代，周亮工和张岱都把茶杯的另一底层逻辑支点直接指向了"罍罍一老"闵汶水。从文字资料上看，正是明末的闵汶水首开把酒杯当作茶杯使用的先河。作为统御明末饮茶风流的闵汶水不可能不知"茶壶以小为贵……方为得趣""瓯，以小为佳，不必求古，只宣、成、靖窑足矣"的道理。桃叶渡斗法时，他给张岱沏茶用的是精绝的成宣小酒盏且"持一壶满斟"。周亮工去桃叶渡拜访闵汶水品尝"闵茶"的时候，记录说："歙人闵汶水居桃叶渡上，予往品茶其家，见水火皆自任，以小酒盏酌客，颇极烹饮态。"

明窗净几，荆溪壶，成宣小酒盏，刚柔燥湿必亲身，水火皆自任、颇极烹饮态，在周亮工和张岱的笔下，一幅活脱的沏茶画面跃纸而出，历史上最早的工夫茶泡法诞生了。

有关工夫茶，能见到最早的文字资料见于《梦厂杂著·潮嘉风月》，作者是清乾嘉时的俞蛟。他说："工夫茶，烹治之法，本诸陆羽《茶经》，而器具更为精致。炉形如截筒，高约一尺二三寸，以细白泥为之。壶出宜兴窑者最佳，圆体扁腹，努嘴曲柄，大者可受半升许。杯盘则花瓷居多，内外写山水人物，极工致。类非近代物，然无款志，制自何年，不能考也。炉及壶、盘各一，惟杯之数，则视客之多寡，杯小而盘如满月。此外尚有瓦铛、棕垫、纸扇、竹夹，制皆朴

雅。壶、盘与杯，旧而佳者，贵如拱璧，寻常舟中，不易得也。先将泉水贮铛，用细炭煎至初沸，投闽茶于壶内，冲之，盖定，复遍浇其上，然后斟而细呷之。气味芳烈，较嚼梅花更为清绝。"

闵汶水这位细细钻研 70 年的大师在茶史上首开把小酒盏当作茶杯的用法，无意间创立了后世的工夫茶雏形。自此，作为品茶的器具盏、瓯开始朝着小型化演进，其后诞生了真正意义上的工夫茶杯——若琛杯。

清初的武夷茶正是借鉴了松萝茶的制法而使得一个崭新茶类——青茶诞生。那么，左右明末茶界风流的闵汶水首创的松萝茶的工夫茶泡法，必然会对因松萝技法而生的武夷乌龙茶的品饮产生深刻影响。这也导致了后世"茗必武夷，壶必孟臣，杯必若琛"的工夫茶，在福建、广东、台湾等乌龙茶生产地区相继传播。

9. 乌龙终出武夷山

清初的武夷山茶仍旧是蒸青绿茶。武夷茶山沟壑纵横，茶树又分布于峰岩之中，采茶时翻山越岭，叶片暴于日光之下，便产生了日晒萎凋现象。鲜叶在茶篮中震动、摩擦，已属摇青，再压放一久，必然会微发酵而致鲜叶边缘变赤红色。用这种茶青做成的绿茶不好喝。

清顺治年间，崇安来了一位实干家做县令，他的名字叫殷应寅（任时 1650 年—1653 年）。殷应寅看到武夷山那么好的茶青做成的绿茶不好喝，很是焦虑。为了解决这个问题，他很自然地想到了名满天下的松萝茶。于是殷应寅便招募安徽黄山僧人来崇安传授松萝茶的制法，至此，武夷才有了炒青工艺的绿茶，被称作武夷松萝。《武夷

山志》载："崇安殷令招黄山僧以松萝法制建茶，真堪并驾，人甚珍之……时有'武夷松萝'之目。"当时的福建布政使周亮工在他写的《闽小记》里说："近有以松萝法制之者，即试之，色香亦具足。"然而接着他又说了使用此种方法做出的茶的缺点："经旬月，则紫赤如故。"放久了，又出现了继续氧化的现象，这说明其时武夷茶的焙火程度不够，工艺还未完全成熟。怎么办？经过武夷人数十载的实验、改进、摸索，工艺最终成熟。大致写于清康熙五十五年（1716年）王草堂的《茶说》里记载了解决办法，王草堂说："独武夷炒焙兼施，烹出之时，半青半红。青者乃炒色，红者乃焙色也。茶采而摊，摊而摝，香气发越即炒，过时不及皆不可，既炒既焙，复拣去其中老叶枝蒂，使之一色。"王草堂说用焙火工艺解决了问题。一经过焙火，茶的颜色乌黑，条索扭曲，真正的武夷乌龙茶出现了。所以

说，乌龙茶的出现是由于武夷绿茶不好喝，进而引进松萝茶工艺进行
改造。而新工艺又在武夷茶的存放上出现了新问题，为了解决新问题
又改进了焙火工艺，最终制作出了乌龙茶。

乌龙茶在武夷山的出现，于清初茶僧释超全的《安溪茶歌》中也
有体现。释超全著有《武夷茶歌》《安溪茶歌》，对福建的茶文化做
出了重大贡献。释超全，俗名阮旻锡，《福建省·人物志》载："阮
旻锡，字畴生，号梦庵，福建厦门人，明天启七年（1627 年）生。父
伯宗，世袭千户之职……崇祯十七年（1644 年），李自成农民军攻
陷北京时，阮旻锡慨然放弃举子业，师事曾樱，传性理之学……清顺
治十二年（1655 年）延平郡王郑成功在厦门设立储贤馆，阮旻锡……
成为郑成功的幕僚。清康熙二年（1663 年），清军攻占厦门后，阮旻
锡弃家隐避，奔走四方……阮旻锡约在康熙二十九年（1690 年）或

三十三年（1694 年）回到厦门。其时阮旻锡已入佛门，法名超全，以教授生徒自给……"

释超全幼习茶书，善烹茶，会制茶工艺。明朝灭亡后，他弃家行遁，遍览名山大川，尽尝天下名茶，慕武夷之名，入天心禅寺为僧。释超全在武夷山写完《武夷茶歌》后游走闽南安溪，看到安溪当地茶人在仿制武夷岩茶，遂又写下了《安溪茶歌》。《安溪茶歌》里说："溪茶遂仿岩茶样，先炒后焙不争差。真伪混杂人瞶瞶，世道如此良可嗟。"可见，乌龙茶是在武夷岩茶问世之后工艺才传到了安溪，并引发了安溪的仿制。茶歌中所说"真伪混杂人瞶瞶，世道如此良可嗟"的现象在今天仍大行其道。现在有的人在推销武夷岩茶时，往往都说自己的茶是采自三坑两涧的正岩茶。其实是外山茶被运到武夷山冒充正岩茶，或收购正岩茶作为"底子"，再拼配外山茶，调和出某种岩韵来冒充正岩茶。历史现象总是惊人的相似。

台湾乌龙茶的历史稍晚，台湾目前所栽种的茶树品种是 200 多年前的福建移民带去的。清嘉庆年间柯朝氏从福建引进武夷茶种，种于现在台北县瑞芳山区，被认为是台湾北部制茶的开始。被誉为"台湾文化第一人"的台湾史学家连横在《台湾通史》中说："嘉庆时，有柯朝者归自福建，始以武夷之茶，植于鱼坑。"台湾铁观音是由安溪张氏于清光绪年引进的，植在台北木栅，其后繁殖开来。台湾乌龙的产、制技术均来源于福建。

潮州的凤凰单枞，自明朝开始均无焙法，直到民国三十五年（1946 年）《潮州志》中才明确记载了凤凰茶焙炒两法兼用。也就是说，在 1946 年的时候凤凰茶的青茶工艺才正式形成。

青茶的问世，给茶叶家族增添了一个新成员，它兼具绿茶的清芬、红茶的甘醇，得到了人们的喜爱。因此，人常说"春花，夏绿，

冬红，一年四季喝乌龙"。我也甚爱乌龙，清人汪士慎的《武夷三味》是我最喜欢的咏乌龙茶的茶诗，不单写得好，也能给大家提供了一点辨别上品岩茶的方法。诗文如下：

初尝香味烈，再啜有余清。
烦热胸中遣，凉芳舌上生。
严如对廉介，肃若见倾城。
记此擎瓯处，藤花落槛轻。

10. 岩茶岩骨花又香

每年白露前后，武夷岩茶陆续上市，水仙、肉桂、大红袍、白鸡冠、铁罗汉、水金龟、半天鹞……让人眼花缭乱、目不暇接。面对着

这么多的品类，咱们怎么才知道它是不是合格的武夷岩茶，又该如何品鉴呢？我就按自己的经验来聊一聊。

大家可能听到过这样一句描述武夷岩茶的话，说武夷岩茶是"岩骨花香"。没错，岩骨花香就是武夷岩茶的根本特点，把握住这个根本，就不难喝明白岩茶。那么如何理解岩骨花香呢？我的看法是，从两个角度来理解，大的客观综合角度和小的个人感受角度。

从大的客观综合角度来讲，就是其产地武夷山，它是地球同纬度地区保护最好、物种最丰富的生态系统。在几千万年前，那里还是一个内陆湖盆，它旁边山地的各种岩石、植被风化了，然后又被水流带到湖盆中沉积起来，形成沉积层。沉积层富含钾、锰、钙等诸多微量元素，进而形成了岩区的土壤。武夷山的山场内密布植被、溪流、花草，空中水雾隐隐，烟岚幽幽，这些都是武夷岩茶得天独厚的生长根基。去过三坑两涧的朋友应该知道，正山里的很多茶树像一个个盆景

生长在岩壁上下。优越的自然环境使得武夷正岩出产的茶内质好，口感厚重，耐火焙。焙火之后又生香，根据品种与焙火轻重不同会生出兰香、梅香、蜜香、药香、果香等不一的香气。综上，武夷山特有的地理地貌、山场气候、茶树品种、加工工艺四者结合在一起进而形成武夷岩茶独具特色的岩骨花香。

那么如何从小的个人感受角度去体会岩骨花香，或者说品岩茶时应该是一种怎么样的主观感受呢？首先我们先从历史上找找答案，看看历史上那些品茶大家对武夷岩茶的感受是怎么样的。先看宋徽宗，这位"教主道君皇帝"在他的著述的《大观茶论》中对武夷茶的描述是："夫茶以味为上，香、甘、重、滑为味之全，惟北苑壑源之品兼之。"再看苏东坡，这位文学家、书法家、画家，历史上少有的通才，他对武夷岩茶的感受是什么呢？在诗文《和钱安道寄惠建茶》中苏轼说："我官于南今几时，尝尽溪茶与山茗……森然可爱不可慢，骨清肉腻和且正。"东坡先生对武夷茶的看法是"骨清肉腻和且正"。还有一位清朝鼎盛时期的乾隆皇帝，这位中国历史上的大玩主对武夷岩茶又做何评价呢？他在品过各地方进贡的茶后，做出了对武夷茶的评价："就中武夷品最佳，气味清和兼骨鲠。"可见，这几位对武夷岩茶之评虽然文字表述得不一样，一个"香、甘、重、滑，为味之全"，一个"骨清肉腻和且正"，一个"气味清和兼骨鲠"，但仔细分析会发现三人表达了一个共同观点，那就是武夷茶：水稠汤滑，甘甜幽香，五味调和。

以东坡先生为例，我就自己的经验来跟大家聊聊怎么理解他对武夷茶的评价，"骨清肉腻和且正"说的是什么呢？"骨"，就是说茶香融到水里了，水、香一体了，水厚汤香，有嚼头儿，进而还形成了一股劲儿。打个比方，生活中喝酒，就说茅台吧，它是水和酒精、香气融为一体的，当酒到嘴里，一饮而下，虽然已经滑到肚子里了，但它自口腔起有一股冲劲儿，一直冲过喉咙滑下食管并能保持一段时间，且在此期间一直伴有幽幽酱香。当然，茶没有那么大劲儿，我只是说让朋友们顺着这个思路找那种感觉。一定要注意，闻到的茶的香气一定要在水里也能喝到，并且这个香气随着水的下咽会滑过喉咙。如果觉得这个香气没过喉咙，那么不是沏茶的方法有问题就是茶叶本身有问题，它很可能不是根红苗正的武夷正山岩茶。原料优质、工艺合格的正岩茶都是香气过喉的，香气不过喉咙的茶一般是半山茶或者外山茶。

"清"，说的是干净而幽，就是那么干净，那么幽远，那么沁人心脾，那么让人有回味。王安石有诗："墙角数枝梅，凌寒独自开。

遥知不是雪，为有暗香来。" "肉腻"，说的是茶汤内质丰富且稠
滑。"和"说的是五味调和。我们知道茶里面含着茶多酚、咖啡碱、
氨基酸、果酸、无机盐等众多物质，那它酸甜苦涩鲜的滋味都有；
通过加工工艺，又会产生花香、果香之类的香味。茶汤入口之后应当
是一个综合口感，当茶的甜香把苦涩这些味道给掩盖住，这种综合
而来的口感就是茶汤香甜稠厚、细腻顺滑，有回味，达到五味调和。
"和"，即不失偏颇，自然也就达到了味之"正"。

　　大家都是喝茶之人，不是茶商，也不是做茶的工艺师。除了本人
很喜欢钻研，否则喝茶的时候不要理会那些概念，什么叫真岩，什么
叫正岩，什么叫半岩，什么叫外山。是一道火焙、两道火焙，还是三
道火焙？管那么多干吗，就按我上面说的那个标准去体会。只要喝到
嘴里的口感是那个综合口感就没问题，并且香气会滑过喉咙，那它就

是一款合格的武夷岩茶。就这么简单。

希望以上内容能够给不懂品鉴岩茶的朋友们一些启发和帮助，对品饮岩茶产生一个清晰的脉络。在此基础上大家再去挑选个人经济能力能够承担的性价比高的茶。

11. 泡壶鸭屎话单丛

有朋友说，怎么泡一壶鸭子拉的屎喝呀！一听这话，那一定是外行了，老茶客都知道，我说的这个"鸭屎"可不是鸭子拉的屎，而是产自广东潮州的凤凰单丛茶的一个品种——鸭屎香。

鸭屎香的母树现在就长在广东省潮州市潮安县凤凰镇凤溪管区下坪坑头村，树龄近百年。这个茶树品种叶片大，颜色深绿，茶农称其为大乌叶，怎么又叫成"鸭屎香"这么个怪名字了呢，这里还真有个故事。从事研究凤凰茶的前辈黄柏梓老先生在调研中记录过这样一件事。年过八旬的凤凰镇茶农魏春色说："这名丛是父亲从乌岽村引进的，种在'鸭屎土'（夹杂着粒状的含有矿物质的白垩泥土）的茶园里，长着深绿色的叶，叶形似刚亩树（学名鸭脚木）叶，但比其他茶叶较大且厚实，采制起来香好，韵味也好。乡里人询问这是什么名丛，什么香型。我怕他们去偷，瞎扯是鸭屎，不是什么好茶。他们却说是好茶，是一个好品种。我一听，心里就慌了，但我仍假装镇定地说：'不甚好，是鸭屎香。'"就这样，"鸭屎香"单丛的名字便传了开来。

之后，凤凰单丛"鸭屎香"的名气越来越大，茶农与茶叶专家们认为"鸭屎香"这个名字不好听，难登大雅之堂，应该给它起一个好名字。后来大家认为它冲泡出来的香味近似凤凰山上野生的金银花盛

开时的香气，于是在 2014 年将"鸭屎香"命名为"银花香"。但是
"银花香"这个名字，学术味道浓，知道的人不多，老茶客们还是喜
欢叫它"鸭屎香"，这样叫着亲切，有烟火味道。我也如是。

说起产于潮州凤凰镇的单丛茶，它是以香气的丰富、高扬而闻
名于世的。单丛的特点是香气直接、单纯。凤凰单丛茶的香气类型有
蜜香、咖啡香、色种香；有果味香型的苹果香、杨梅香、薯味香；有
药物香型的姜味香、杏仁香、肉桂香、苦味香；有自然花香型的银花
香、蜜兰香、栀子花香、夜来香、玉兰花香、芝兰花香、桂花香、柚
花香、茉莉花香……

凤凰茶产于凤凰镇。凤凰镇位于广东省潮州市北的凤凰山之中。
凤凰山山势嵯峨挺拔，主峰海拔 1497.8 米，素有"潮汕屋脊"之称。
清康熙年的饶平县令郭于蕃在《凤凰地论》中写道："层峦耸翠，巍

然上出重霄；山峰叠嶂，岩岫常带烟霞。"山高林密，云雾缭绕，良好的山场才能长出优品茶树。我平常总跟茶友说，好茶实际喝的其实就是生态，讲的就是这个。

凤凰茶包括乌龙、红茵、凤凰水仙、黄茶、色种这几大类，再细分，就是株系了。

凤凰山种植乌龙茶历史悠久，大家注意，这里说的乌龙茶指的是乌龙茶树，是个茶树品种，可不是六大茶类里的青茶——乌龙茶，别搞混了。红茵是野生茶树，它是凤凰水仙茶树的原始祖先，凤凰水仙品种就是从红茵品种繁衍而来的，因为新鲜茶叶的叶尖从侧面看特别像鸟嘴，所以很多人管它叫鸟嘴茶。凤凰水仙虽源自红茵，但自身经过多年以来不断地培育，产生了非常多的优良变种，形成一个资源类型复杂的多类型地方群体品种及无性繁殖品种，即凤凰单丛系列。民国三十二年（1943年）新修《丰顺县志》记载："凤凰茶亦名水仙。又称鸟喙茶。"《潮州茶叶志》上说："过去很久时，群众称它为鸟嘴茶。1956年，全国茶叶专家们才命名为'凤凰水仙'。这是因为凤凰相传是一种祥瑞的鸟，为鸟中之王，古称瑞鸟。水仙是我国的一种名花，春寒吐蕊，芳香袭人，高洁如仙，有'凌波仙子'之美称，把'凤凰'和'水仙'这两个美名融为一体，安在茶树品种上，可见这个品种是多么名贵，寓意也极为精当深刻。"黄茶，就是黄茶丕，也叫细茶，黄茶是古称。它是凤凰水仙群体种自然杂交退化形成的品种。色种，主要有佛手、奇兰、黄栋、梅占。我们平常说的单丛，最早指的是凤凰水仙品种中的优良单株茶，单采单制，单独贮藏销售，后来约定俗成地成了所有优异单株的总称谓。

地方古籍对凤凰茶的最早记载是明嘉靖年间的《潮州府志》，其中说饶平县每年须贡"叶茶一百五十斤二两，芽茶一百八十斤三两"。明万历十年（1582年），郭子章任潮州知府。郭子章，号青螺，博学好文，有政声才名，史称他"能文章，尤精吏治""文章、勋业亦烂然可观矣"。郭子章在任上写了十二卷的《潮中杂记》。《潮中杂记》中写道："潮俗不甚贵茶，今凤山茶佳，亦云待诏山茶，可以清肺消暑，亦名黄茶。"不难看出"凤山黄茶"就是现在潮州乌龙茶的前身。这个"黄茶"的称谓，不是现在意义上六大茶类里的那种轻度氧化的黄茶，应该是绿茶。之所以"黄"有两种原因，一种可能是指这种茶的颜色绿中泛黄，它是由一种自然发黄的黄芽茶树品种的芽叶制成的。比如享有盛名的安徽寿州黄茶和四川蒙顶黄芽，都因芽叶自然发黄而得名。还有一种原因可能是由于当时做茶的工艺水平一般，使其成品茶颜色发黄，这个可以从清朝康熙年间饶平知县刘忭主修的《饶平县志》中看出些端倪："山川：待诏山，在县西南十余里，四时杂花竞秀，名为百花山，土人种茶其上，潮郡称待诏茶。凤凰山，在县治西四十里，高压群峰，山顶翠如凤冠，乘风能鸣，与郡城西湖山相应。凤髻山，在大尖峰下，五峰如云。物产：茶。粤中旧无茶，所给皆闽产。稍有贾人入南都，则携一二松萝至，然非大姓不敢购

也。近于饶中百花、凤凰山多有植之。而其品也不恶，但采炒不得法，以至苦涩，甚恨事也。"由此可见，很可能是因"采炒不得法"造成了"黄"，这就更印证了上面说的它是绿茶而不是六大茶类里的黄茶，因为黄茶的特点是甜淳，而非苦涩。

民国二十四年（1935 年）《广东通志稿》记载的制茶工艺："将所采茶叶置竹匾中，在阴凉通风之处，不时搅拌，至生香为度，即用炒镬微火炒之，至枝叶柔软为度，复置竹匾中，用手做叶，做后再炒，至干脆为度，以炒而非焙……茶为凤凰区特产，以乌崇为最佳，每年产额二十余万元……"民国三十五年（1946 年）《潮州志》中，才明确记载了凤凰茶焙炒两法兼用。也就是说，到 1946 年的时候凤凰茶的青茶工艺才正式形成。

凤凰单丛的汤色橙黄明亮，香气浓郁持久，沉稳有力道。尤其是高山茶青做成的茶，口感微挂清凉。莎士比亚说："人应该生活，而非仅仅为了生存而活着。"生活是一种态度，是在一日三餐柴米油盐酱醋茶的平凡日子里，品出美的趣味，活出生命的滋味。180 毫升的盖碗，5 克鸭屎茶，3 个人，喝了 20 泡，脊背冒汗，通体发热，透了！

竹外桃花三两枝，春江水暖"鸭屎香"。

12. 观音兰香重似铁

一份干茶，投到盖碗里，合好盖子，一掂，沉；一摇，碗内"叮当"作响。不用看，喜欢茶的朋友都猜得出来，这一定是上好铁观音无疑了。

铁观音是传统茶品，十大名茶之一，它的原产地在福建省泉州市安溪县西坪镇。安溪县，古称清溪，东接南安市，西连华安，北邻永春，西南与长泰县相接，西北邻漳平。西坪，古称栖鹏，意"水击三千里，抟扶摇而上者九万里"的大鹏鸟栖息之地。

铁观音的源出在西坪镇有两个说法，一个是"魏说"，一个是"王说"。前者讲的是清雍正年间西坪农民魏荫因观音托梦，在松岩村发现了铁观音茶树。后者的由来是生于清康熙二十六年（1761年）的西坪尧阳人王士让，在族谱里写的小文《尧阳乡南岩小引》记载了他在乾隆元年（1736年）发现铁观音茶树的经过，"让于乾隆元年丙辰之春，与诸友会文于南山之麓，每于夕阳西下，徘徊于南山之傍，窥山容如画，见层石荒原间，有茶树一株，异于其他茶种，故移植于南轩之圃，朝夕灌溉，年年繁殖。初春之后，枝叶茂盛，圆叶红心，如锯有齿，黑洁柔光，堪称无匹。摘制成品，其气味芳香超凡。泡饮之后，令人心旷神怡。是年辛酉，让赴京师，晋谒方望溪侍郎，携此茶品以赠，方侍郎转进内廷，蒙皇上召见，垂询尧阳茶史，恩赐此茶

曰：'南岩铁观音。'眷遇优渥，深恐殒越有污臣节，士让一介书生，召入内阁纂修，钦命博学鸿儒，启国家未有之隆恩。我祖士让槐荫，邀荣永垂不朽，特此序明。乾隆十二年丁卯八世裔孙王士让序。"二说各有支持者，作为我等饮茶之人不必过于纠结，总之铁观音是起源于安溪西坪镇这一点是无可置疑的。

"铁观音"是成品茶叶的名字，也是茶树品种的名字。安溪本地有六大名茶，分别是铁观音、黄金桂、本山、毛蟹、梅占、大叶乌龙。铁观音是其中的翘楚，也是闽南乌龙茶的代名词。铁观音别名红心观音、红样观音，灌木型，中叶种。嫩梢紫红色，叶柄扁宽，叶片椭圆，尖处歪曲，略向背面反卷，叶缘锯齿疏而钝，叶面隆起，肋骨明显。茶农们把纯正铁观音称作"红心皱面歪尾桃"。

安溪县地势由西北倾向东南，东部没有高山峻岭而多低山丘陵，海拔多在100～300米，地势相对平坦。《安溪县志》中说："以地形地貌之差异，境内大致有内外安溪之分。自湖头镇和湖上乡的交

界线开始，过陈五阆山，连尚卿乡的科洋，转南经虎邱镇福井，至龙门镇跌死虎西缘，为其地形分界线。东部俗称外安溪，西部俗称内安溪。"铁观音的主产区就在内安溪。内安溪产区主要是海拔 700 米以上的地区，如龙涓、祥华、感德、西坪、剑斗、长坑等地。安溪内外之分实际就是茶叶生长地的高、低海拔之分。"四季有花常见雨，一冬无雪却闻雷"的内安溪海拔高、昼夜温差较大，一山有四季，十里不同天，加上充沛的雨水，矿质丰富的酸性壤土，尤适茶树生长。山高使得昼夜温差大，云雾弥漫形成漫射光，涩味较重的茶多酚含量较低，而芳香物质、氨基酸含量较高。茶树叶片汁肥叶厚，内质丰富。这就保证了成品茶密度大、颗粒重实、兰香气雅、甘喉爽口、观音韵足，瀹泡后的叶底肥而软，色泽明亮。

铁观音茶青当年在春、夏、暑、秋、冬时节可以采摘 5 次之多。铁观音的鲜叶采摘对嫩梢成熟度的把握非常重要，过老、过嫩都不可以，农谚说"前三天是宝，后三天是草"。要在嫩梢形成驻芽、顶叶初展呈小开面或中开面时，采摘一芽三叶，即"开面采"。安溪春季多雨少阳，秋季少雨晴朗，春茶汤水细腻但香气较之秋茶有所不及，故有铁观音茶"春水秋香"之说。若一款铁观音，汤水兰香，且带有幽幽乳香，那一定是品质高的难得的好茶。

目前市场上常见两种铁观音，一种是清香型铁观音，另一种是传统铁观音。

清香型铁观音是在 2000 年左右受到台湾乌龙茶轻发酵制作技法的影响而大量面世的。清香型铁观音呈球形或半球形，干茶绿、茶汤绿、叶底绿。清香型铁观音用的是 3 ~ 5 年的茶树茶青，特点是轻萎凋、轻摇青、轻发酵，然后杀青、包揉、文火烘干。这种发酵轻的茶实际上已经很接近绿茶了，且跟绿茶一样需要冰箱冷藏。尤其受台湾

影响，现在有些铁观音的采摘是越采越嫩。铁观音本身是中叶种，茶青里咖啡碱、茶多酚的含量高于小叶种的绿茶，再加上采得嫩，所以苦涩度会更高。有些茶商还有意无意地误导消费者把品饮一次的投茶量从 5 克升至 7、8 克甚至现在有人投到了 10 克，如此喝法，能不对胃、肝造成伤害吗？茶友们饮用清香型铁观音的时候，千万要把控好投茶量，以健康第一。

传统铁观音的茶青取自 4 ～ 10 年树龄的茶树，特点是中晒青、重摇青、薄摊叶、不堆青。其工艺主要包括：晒青、晾青、摇青、炒青、揉捻、初烘、包揉、复烘、复包揉、烘干。传统铁观音色乌皮皱，茶条卷曲，蜻蜓头，青蛙腿，汤色橙黄近琥珀，典型的兰花香。清代刘秉忠的诗文里对传统铁观音做过贴切的描述："铁色皱皮带志霜，含英咀美人诗肠。舌根未得天真味，鼻观先闻圣妙香。"

安溪铁观音是适制乌龙茶的极佳品种，它叶形椭圆，好走水；叶片肥厚，内质丰富。尤其"茶为君，火为臣"的传统碳焙技艺使得茶品醇厚甘滑，音韵十足。近几年，铁观音市场已经不再是清香型铁观音一枝独秀，浓香的传统铁观音也悄然回归。饮茶一定要回归茶叶的健康本源，传统铁观音必然有巨大市场潜力，是铁观音未来发展的趋势。相关制茶人在生产的同时也要做好茶园的环保、生态管理，它们与制茶工艺相辅相成，这样才能保证铁观音茶产业健康稳健地向前发展。

PART 15

桐木关中

诞红茶

1. 红茶翘楚金骏眉

　　说起红茶，最早的红茶是哪种，它又来自哪里呢？

　　产自福建省武夷山桐木关的正山小种红茶是世界上最早出现的红茶，堪称世界红茶鼻祖。它是明末某年武夷山桐木关里的茶农采制春茶时，在机缘巧合之下创制而成的。我在桐木访茶，亦听到了当地茶人的类似说法。大意是，明末有军队路过桐木关，吓得正在制作早春绿茶的茶农们来不及对采摘下的鲜叶杀青，就跑进深山避祸。第二天天明，军队离去，出山返家的茶农们看着堆放满地的茶青傻了眼，过夜的茶青已经变软，且发红、发黏，他们以为坏掉了。毕竟是劳动成果，贫苦的茶农们还是不忍将其扔掉，于是就想办法弥补。有人把已经变软的茶叶搓揉成条，用山里的马尾松生起火来烘干。茶叶被烘干后，红皱的外表变得乌黑油亮，并且带有一股清新的松脂香，一尝，清凉甘甜，别具风味。就这样，一种新茶类——红茶在武夷山桐木关诞生了。

　　技术上，刚出现的红茶在制茶初始环节没有杀青，并且加入了烟熏烘干，跟其他茶类缺少必然的联系，仿佛一夜之间就冒了出来，显得有些突兀。仔细想想，红茶的诞生除去源自意外而生，还真找不到更合理的解释。但历史上任何事物的产生、存在都个是偶然的，必然有适宜它产生、存在的客观环境和理由，红茶也不例外。红茶的出现离不开揉捻工艺与瀹泡散茶的品饮方式。揉捻工艺始自元代，散茶品

饮是在明洪武二十四年（1391年）朱元璋的一道圣旨让茶叶废团改散后而得以普及实现的。红茶的出现看似偶然，实属必然，无非是时间点的不确定而已。由是，历史选择了明末的武夷桐木关。

红茶虽然诞生了，但是当地人并不喝这种在他们看来不伦不类的茶叶。于是就把这些茶挑出大山，拿到40多公里外的集市星村镇去卖掉了。星村是明末清初茶叶贸易的集散地，出水转运码头。正是基于此，正山小种在历史上也被称作"星村小种"。正山小种红茶，说的是产于武夷山市星村镇桐木村及武夷山自然保护区域内的茶树鲜叶，用当地传统工艺制作，独具似桂圆干香味及松烟香的红茶产品。

一年后，有商人来星村出高价收购这种在桐木茶农看起来制作失败的茶。缘由是去年收购了这种茶的商家把茶辗转卖到了外国人手里，没想到竟然大受洋人欢迎。于是，正山小种红茶被桐木人大量制作，销往山外。其时正逢海外贸易兴起，正山小种红茶最后经由荷兰商人带到了欧洲。《清代通史》记载："明末崇祯十三年（1640年），红茶始由荷兰转至英伦。" 正山小种红茶产于武夷山，所以英国人称其为武夷茶。

桐木关有限的红茶产量是供应不了日益庞大的出口市场的，商业上的利益使得源出武夷山的红茶制作技术迅速向外传播，武夷周

边地区乃至中国其他省茶区的红茶生产制作，随着时间的延展开始纷纷出现。清雍正年间，崇安县令刘靖就在其《片刻余闲集》里记载了一种名叫"江西乌"的红茶已售卖于星村镇茶叶市场上："山之第九曲尽处有星村镇，为行家萃聚所也，外有本省邵武，江西广信等处所产之茶，黑色红汤，土名江西乌，皆私售于星村各行。"其后，湖南的"湘红"，湖北的"宜红"，福建的政和功夫、坦洋工夫、白琳工夫红茶，安徽的"祁红"，浙江的"越红"，江苏的"苏红"，四川的"川红"，广东的"英红"，云南的"滇红"，在中华大地百花齐放。但逐本根，它们的技术都是源出武夷桐木关。

鸦片战争后，我国的茶种和制茶技术被英国人窃走，接着印度、斯里兰卡（旧称锡兰）大批茶园出现，廉价的种茶成本和机器制茶工艺的使用使国际茶叶价格大跌，中国手揉脚踩的制茶方式效率低下，所产红茶价格毫无竞争力可言。贪婪的英国人对此并不满足，还利用自身优势对国际茶叶市场进行操纵，贬华茶，扬印、锡茶，对华茶多方狙击。《中国茶叶外销史》载："1890 年后，受英国宣传作用，美国人口密集的区域，对绿茶的嗜好，为红茶所替代，茶叶贸易遂大变动，随后输入英国殖民地出产的红茶，更助于宣传广告和游行运动，使中国绿茶销路大受打击，这种新茶（即印度红茶）渐次普及。"中国红茶出口进一步萎靡。宣统《南海县志》载："茶叶从前为出口货大宗，现在出口之数，历年递减。光绪十八年（1892 年）出口尚有六万五千担，至二十八年（1902 年），出口不过二万四千担，盖西人多向锡兰、印度购茶，以其价廉也。前后仅距十年，销数之锐减已如是，中国茶业之失败，亦大略可观矣。"出口锐减加上其时的国人很少饮用红茶，中国红茶产业遂一蹶不振。

红茶就这么走向终结了吗？当然不是，红茶的命运并未就此结

束，转机出现在了 100 多年后。2005 年，历史又一次选择了武夷山桐木关这个红茶的洞天福地，一个中国茶史上里程碑式的红茶品种——金骏眉在那里诞生了。金骏眉的横空出世唤醒了沉寂多年的国内红茶市场，在金骏眉的引领下，大江南北茶市一片红火，国人纷纷加入饮用红茶的行列之中。金骏眉的诞生是个极其重要的茶史事件，大有必要述之。

这些年我游走茶山，根据多位武夷资深做茶朋友的印证，先给大家说说金骏眉的来历。2005 年，北京的张梦江先生来到了武夷桐木关。看到当地的生态和茶源，他提议应该把这么好的茶青做出像西湖龙井那样高端精品出来。于是张梦江先生自出启动资金，由元正茶厂（正山堂前身）厂长江元勋先生，技术骨干温永胜先生等人会同当时工厂内的一干员工投入到了对高等级单芽红茶无烟工艺的试验制作之中。单芽幼嫩，发酵难度极大，没有现成经验可寻，只能摸索着来。

据当时的主要参与者温永胜先生讲，第一次制茶失败。通过失败的经验积累，调整方法，第二次制茶取得成功。金骏眉最初叫金峻眉，是张梦江先生命名的。"金"取自芽头部分呈金色，"峻"意味桐木关崇山峻岭，"眉"的得来是因成品单芽茶弯若细眉的茶形。看得出，金骏眉的诞生是由张梦江先生倡议、出资、命名，厂长江元勋先生拍板决定，技术骨干温永胜先生等人带领茶厂员工集体劳动所获得的成果，非一人之功劳。2005 年起，金骏眉开始走出桐木关，奔向全中国。它的横空出世，改变了多数中国人不饮红茶的习惯，推动了中国红茶产业的迅猛发展。之后，多才的张梦江先生系统总结了金骏眉的制作工艺，书写了一首骏眉令，为茶立名。

金骏眉茶芽稍微显毫，微微的淡金黄毫毛，颜色不是特别金黄。如果特别金黄，极可能是夏秋茶或外山茶仿造。干茶整体呈黑色、褐

色、金黄三种颜色，条索外观结实油润；汤色金黄油亮，有清凉感，入口醇厚，花果香幽幽，野生蜂蜜的甜，口齿留香持久。尤其是水和香的纯净度极高，很少有茶能出其右，连续十泡落差不明显。这跟桐木关海拔高、无污染，以及良好的生态环境有直接关系。

桐木关茶区平均海拔在 1000 米左右，金骏眉的标准茶青是桐木关高海拔的春季头采单芽，所以产量很小。据我访茶得到的信息，近年来桐木关金骏眉的年产量不过数千斤，而现在市场上满目皆是金骏眉。所以，能否喝到真正的桐木关金骏眉，可不是有钱就能办得到的。市场上的金骏眉很多是武夷山周边或外地产区做的仿制茶，还有一些是通过拼配的方法做成后当作正宗金骏眉来卖的。不过，金骏眉国家标准的制订已经提上了日程，标准出台后，就不是随便哪种茶都可以叫作金骏眉了。

有朋友问，真正的金骏眉价格是多少呢？从我的经验看，真正的桐木关本山金骏眉，商品市场常见价格应该是在 12000 元 / 斤左右，我也见过卖到 2 万多元的。这个茶的成本确实高，5 斤芽出 1 斤茶。近几年做金骏眉的人也少了，这是大家所不知的。并且单芽茶发酵有风险，如果发酵出了问题，茶农这一春的生意就会损失很大。另外一个因素是由于拿茶的渠道不一样，中间就会有一些差价，一种成本本就高昂的茶，在终端市场加上人工、运输、仓储、保险、房租、税收、各级渠道商等，还要产出利润，卖到上述价格，就市场来说应该算是合理的。但现在的问题不是价格，而是怕买不到真茶，因为产量本就有限。

再跟大家聊聊红茶的制作工艺。做红茶，首先是萎凋，这个工艺很重要。萎凋的主要目的在于减少鲜叶与枝梗的含水量，使酶类物质如水解酶、蛋白酶这些酶的活性增强，促进叶内产生更多的糖类、氨基酸，并使鲜叶的青草气消退而产生或清香，或花香，或果香类的香气物质。萎凋之后就是揉捻环节，通过揉捻，让茶叶组织和细胞破碎，这样其中的化学成分和酶得到充分混合，使得各种化学反应得以实现。接着进行发酵，发酵是大家习惯了的叫法，严格讲应该称作"氧化"，主要是多酚类物质中儿茶素的氧化，氧化到一定程度就进行烘干，之后还得把茶放一段时间，再次烘干。为什么呢？这是因为一次烘干是不能完全彻底烘干的，放一放之后，会让茶叶里残余的水分重新分布，这时候进行二次烘干，把茶叶里的含水量降至6%以下，这才是合格的茶的标准。

有人说金骏眉的茶汤是"红汤金圈冷后浑"。这个说法是不对的。金骏眉的茶汤颜色不是红色，而是金黄油亮，就像家里食用的色拉油一样，金黄油亮。金骏眉也不会有"冷后浑"的现象。冷后浑是

因为汤水中茶多酚的氧化物遇到了咖啡碱，二者在低温下缔合，形成了一种大分子络合物。这种现象多发生在夏秋茶身上，因为夏秋茶中茶多酚和咖啡碱的含量比较大，所以很容易在茶汤温度低时络合使其变浑浊。金骏眉不存在这个现象的根本原因就在于，生态好的早春高山茶的茶青里咖啡碱、茶多酚的含量比夏秋茶低，生成的茶黄素多，所以汤色金黄而无冷后混现象。就是把金骏眉的茶汤放一天一夜，也不会冷后浑的。另外两种同样出自桐木关的高等级红茶——香妃、虞美人，放一天一夜，也不会冷后浑。所以说，好茶是真金，不怕火来炼。

人们都说红茶的汤水是红汤挂金圈，有金圈表明茶黄素含量高，是高品质红茶的象征。我们把金骏眉沏上，倒入公道杯里看一下，茶汤金黄油亮，全是金圈，没有红汤。品质高下立判。

2. 从来佳茗似佳人

　　发源于新石器时代早期而绵延至今的玉文化是中国的传统文化。寓德于玉，以玉比德，是玉文化的精神内涵。

　　中国人把玉看作是天地精气的结晶。玉，自古就是权力、地位、财富的象征。传说中轩辕黄帝最早统一了中国，并建立了典章制度。《拾遗记·轩辕黄帝》中说："诏使百辟群臣受德教者，先列圭玉于兰蒲，席上燃沈榆之香，春杂宝为屑，以沈榆之胶和之为泥以涂地，分别尊卑华戎之位也。"后来《周礼》又讲："以玉作六瑞，以等邦国。王执镇圭、公执桓圭，侯执信圭、伯执躬圭、子执谷璧、男执蒲璧。"

　　《韩非子》里记载了一件事，春秋时期楚国有个识玉的高手，

名叫卞和。他有一个本领，能够识别还没有被加工过的璞玉的优劣。一块玉的原石，经卞和一看，马上就知道这块玉好不好。后来卞和从深山里得到了一块非常好的璞玉，历经三代楚王，却没有人认可，最后是楚文王命令玉工将其剖开，雕成了稀世美玉——和氏璧。后来围绕这块和氏璧又由秦国与赵国引出了脍炙人口的"价值连城""完璧归赵"两个成语典故。可见自古玉就具有强大的物质价值和精神力量。从秦朝开始，皇帝采用以玉为玺的制度，一直沿袭至清。玉玺源于一个汉字"瑞"。《说文解字》里讲，"瑞"的意思是"以玉为信也"。据说传国玺为和氏璧所制，始于秦代。玺文是李斯写的小篆"受命于天，既寿永昌"。秦始皇传给二世，二世再传子婴，子婴降汉刘邦，献出传国玺。汉平帝故后，传国玺藏在太后住的长乐宫。王莽篡汉，派王舜入宫索玺，太后怒不可遏，把传国玺掷向王舜，玺被摔缺了一角。王莽用乌金镶补断角，这就是人们常说的金镶玉玺。此玺各朝代传，至唐废帝在洛阳玄武楼引火自焚，此后传国玺就下落不明了。

孔子把玉人格化，赋予了它"德"的内容。《论语》里说，子贡见孔子，子贡曰："有美玉于斯，韫椟而藏诸，求善贾而沽诸？"子曰："沽之哉，沽之哉！我待贾者也。"这是孔子把自己比作美玉，等着识货的人委以重任，一展抱负。正是认为玉有其德，所以孔子才自比为玉。东汉的许慎说："玉，石之美者，有五德。润泽以温，仁之方也；勰理自外，可以知中，义之方也；其声舒扬，专以远闻，智之方也；不挠而折，勇之方也；锐廉而不忮，絜之方也。"

老话讲"玉不琢不成器"。任何一块好的玉石，如果没有人的匠心雕琢，是不会被赋予新的价值和魅力的。茶也一样，出自好山场的原料经匠心加工方能成为好茶。我喜玉，故给一款品来如玉温润的红

茶起了个名字叫"玉佳人"。玉佳人生长在武夷山桐木关海拔千米以上的竹林中。那里植被覆盖，阳崖阴林，苔藓丛生，野山无路，崎岖难行，采点好茶真的不易。上好的茶青，合格的工艺，加上用心的精制，才诞出了这个"谁谓空谷远，有美人如玉"的佳人儿。

我为佳人，纯净无争，亭亭而立，如玉温安。云髻峨峨，修眉联娟。丹唇外朗，皓齿内鲜。明眸善睐，靥辅承权。瑰姿艳逸，仪静体闲。柔情绰态，媚于语言。微幽兰之芳蔼兮，步踟蹰于山隅。玉佳人，有世俗之烟火，无世俗之尘埃。玉佳人茶汤厚滑，如玉温润；入口骨感，如玉致密；蜜香果香，幽而不烈；自口下咽，香气过喉。尤难得的是汤水挂凉，如吮微微薄荷，喝到尾水，凉韵不消。

每次品玉佳人的时候，总会让我不禁想起那首出自广东女孩扎西拉姆·多多的诗《班扎古鲁白玛的沉默》。班扎古鲁白玛是梵文的音译，班扎，是金刚的意思；古鲁，是上师；白玛，是莲花的意思。班扎古鲁白玛的意思是金刚上师白莲花，也就是莲花生大师（藏传佛教的主要奠基者）。这一首《班扎古鲁白玛的沉默》的灵感，来自莲花生大师非常著名的一句话："我从未离弃信仰我的人，或甚至不信我的人，虽然他们看不见我。我的孩子们，将会永远永远受到我慈悲心的护卫。"诗中写道：

> 你见或者不见我，我就在那里，不悲不喜。
> 你念或者不念我，情就在那里，不来不去。
> 你爱或者不爱我，爱就在那里，不增不减。
> 你跟或者不跟我，我的手就在你的手里，不舍不弃。
> 来我的怀里，或者让我住进你的心里，
> 默然相爱，寂静欢喜。

初冬的寂静茶室，我，胭脂水鸡心杯，玉佳人。静听据诗文谱成的单曲《见或不见》，一首来自心灵、大爱不宣的歌。曲毕，恍若置身玉佳人出生的山野，林静溪幽，天籁无声。

世间有没有真爱，红尘有没有天堂，缘分有没有冥冥注定，不用去想。属于我的逃不掉，属于你的躲不开。唯愿岁月静好，佳人如玉。

3. 栀子花开素华香

夏花中我颇喜栀子。它的花语是"真爱"。

印象里，对栀子花栽培的最早记载是在司马迁的《史记·货殖列传》里："及名国万家之城，带郭千亩亩钟之田，若千亩卮茜，千畦姜韭，此其人皆与千户侯等。"汉代，栀子和茜草是很有经济价值的染料作物，栀子染黄，茜草染红，明代诗人陈长明写的《迎仙客》咏栀子就说："栀子房，老经霜，曾染汉宫衣袂黄。"那时候谁家要是有1000亩栀子与茜草，那他的财富可就比肩千户侯了。东汉许慎的《说文解字》中说栀子："木实可染。从木卮声。"酒杯古称"卮"，因其子实似之，故得"卮子"之名，而"栀子"是由"卮子"转化而来。

古人赏花讲究"六皆比"，即一花、二叶、三盛、四态、五色、六香。栀子花可谓"六皆比"俱全。花开六出，色白如雪，花香悠然浮动，冰清玉洁，美得单纯直白。唐代韩愈有名句："升堂坐阶新雨足，芭蕉叶大栀子肥。"宋代蒋堂有诗："未结黄金子，先开白玉花。"有烟火气息的当数唐代王建的《雨过山村》："雨里鸡鸣一两

家，竹溪村路板桥斜。妇姑相唤浴蚕去，闲看中庭栀子花。"

咱们在城市里看到的栀子花大多是重瓣，重瓣的栀子也叫"白蟾"。历代诗词中所咏栀子多是单瓣的，花开六出。唐代段成式在《酉阳杂俎·广动植之三·木篇》里说："栀子，诸花少六出，唯栀子花六出。陶贞白言：栀子翦花六出，刻房七道，其花香甚。"宋代陆游《二友》诗："清芬六出水栀子，坚瘦九节石菖蒲。"这点从文物上也能看得出来。故宫博物院有一个明万历年间的掐丝珐琅栀子花纹蜡台，蜡台圆盘内里的折边上有一圈栀子花纹，就是单瓣的栀子。

中国人贪吃，只要想吃，什么东西都能入馔。读南宋林洪的《山家清供》："旧访刘漫塘宰，留午酌，出此供，清芳极可爱。询之，乃栀子花也。采大者，以汤焯过，少干，用甘草水和稀面，拖油煎之，名'蒨卜煎'。杜诗云：'于身色有用，与道气相和'，既制之，清和之风备矣。"林洪对油煎栀子花这一美馔评价很高。"蒨卜煎"这个名字，听上去风雅，还有点日本料理的风格。我以前"照方抓药"做过几次，把初开的栀子花，拿淡盐水浸泡一段时间，然后用清水冲净，并轻轻挤出多余的水分。甘草水和稀面，入油煎，黄焦酥脆，颊齿留香。有兴趣的朋友不妨一试。

栀子在南宋已经用于插花，《西湖老人繁胜录》记江南端午节的习俗："城内外家家供养，都插菖蒲、石榴、蜀葵花、栀子花之类，一早卖一万贯，花钱不啻。何以见得？钱塘有百万人家，一家买一百钱花，便可见也……虽小家无花瓶者，用小坛也插一瓶花供养，盖乡土风俗如此。"栀子亦跟释家关系弥深。唐代卢纶《送静居法师》的诗里就说："五色香幢重复重，宝舆升座发神钟。蒨卜名花飘不断，醍醐法味洒何浓。"唐代何兆有诗云："芙蓉十二池心漏，蒨卜三千灌顶香。"南宋张元干有诗曰："伊蒲馔设无多客，薝卜花繁正恼人。僧房长夏宜幽僻，杖屦频来顾问津。"薝卜花就是栀子花。金陵本李时珍的《本草纲目》释之曰："卮，酒器也。栀子象之，故名。俗作栀。二三月生白花，花皆六出，甚芬香，俗说即西域薝卜也。"南宋曾慥，字端伯，号至游子，晋江（今福建泉州）人。他曾为十种花各题名目，称为"十友"，把栀子封为"禅友"。后人又将这十种花各配一诗，传为佳话。这"十友"分别是：兰花芳友、梅花清友、腊梅花奇友、瑞香花殊友、莲花净友、栀子花禅友、菊花佳友、桂花仙友、海棠花名友、荼蘼花韵友。宋代王十朋就以禅友咏《栀子》："禅友何时到，远从毗舍园。妙香通鼻观，应悟佛根源。"宋代蒋梅边的《薝卜花》云："清净法身如雪莹，夜来林下现孤芳。对花六月无炎暑，省爇铜匜几炷香。"栀子洁澄，既能清净本我又能度人，正同"薝卜三千灌顶香"也。

在我的遥远记忆里，奶奶家门前有一棵栀子树，它的叶子四季常青，花朵洁白玲珑，若琼雕玉琢。每逢花季，望如积雪，清早在被窝儿里一睁眼，就能闻到沁人心脾的芳香，真是入了"湖边不用关门睡，夜夜凉风香满家"之境。那时我放学最期待的事，就是去摘花，摘一大束插在吃完的水果玻璃罐头瓶里，就记得那个香气，唰一下就充盈了整间房子。爱美的女孩们特喜欢把栀子花扎在辫子上，搞得教室里也满是栀子花香。那场景就像黄岳渊、黄德邻父子合著的《花经》里所说："暑月中花香最浓烈者，莫如栀子；叶色翠绿，花白六出，芳香扑鼻；庭院幽僻之所，偶植数本，清芬四溢，几疑身在香国中焉。"那会儿的情境怎么美得那么纯呀！记下那些不能复返的日子，揣在心里，老了，动不了了，拿出来瞅瞅，想着都是美好。

历代咏栀子花的诗词中最喜提出"立身先须谨重，文章且须放

荡"的南朝梁太宗萧纲作过的那首《咏栀子花》："素华偏可喜，的
的半临池。疑为霜裹叶，复类雪封枝。日斜光隐见，风还影合离。"

爱此花、爱此香的我，把一款武夷桐木关野茶命作了"素华"。
"素华"是红茶，真是讨我心欢。野茶的茶青发酵时竟妙化出浓浓的
极似栀子花的香气。红茶当中有这么高香的很是少见，感觉不输某些
凤凰单丛，加上稠滑甘甜的汤水，口感极佳。人说禅茶一味，我还未
窥其境。在栀子花前，听着刘若英的《后来》，品一杯"素华"，风
动栀子香，盈盈漾心田，幸福悠然而溢。不亦快哉。

"栀子花，白花瓣，落在我蓝色百褶裙上，爱你，你轻声说，我
低下头，闻见一阵芬芳……"

4. 荔枝香幽醉杨妃

周末仲夏夜，在京工作的四川表弟来我家串门，拎着一桶说是
朋友刚空运给他的鲜荔枝带过来请大家尝鲜。留饭，喊来邻居二哥作
陪。饭后，茶桌对坐闲聊。

表弟说："哎，大哥，前两天我看了您发的'聊聊茶中的香气'
那篇微博，您那文章后面附了九张图片，我能叫出代表其中八种香气
的茶来。""是吗，长本事了啊，说来听听。"表弟说："您看我说
的对不对啊。哈密瓜香是您的香妃，雪梨香是您的蒙顶黄芽，这个玉
米须香是武夷岩茶四大名丛里的白鸡冠，栀子花香是素华，茉莉花
香是茉莉花茶馨瑶，梅花香也是武夷四大名丛里的水金龟，兰花香
是传统做法的碳焙铁观音，玫瑰花香就更熟了，是有名的祁门红茶
嘛。""嘿，真行，这两年的茶汤没在我这儿白喝，那还差一个呢，
还有一张图片挂着俩荔枝呢？""这正是我要问您的，茶里面有荔枝

香的吗？我还真的没喝过有荔枝香味的茶叶。""我现在找一泡荔枝香的茶叶请您品品。"

我看出来了，这坏小子是憋着心眼儿要蹭泡好茶。转身去小茶仓，拿出一泡茶。干茶，烫碗摇香，递了给他，"闻闻。""哇，真是幽幽的荔枝香！"表弟睁大了眼，一副诧异的样子。"哎哟，我的哥哥，跟这桌上的荔枝是一个味儿啊。"我模仿他的家乡话说："对头。"表弟顺口就来了句四川乡音："这个茶，有名儿吗？""醉——杨——妃。"我拉着长音，用四川方言回答。邻居二哥听了，在一旁抿着嘴儿乐。

品着茶，哥儿仨打开了话匣子。从有荔枝香味的茶聊到了荔枝，从荔枝聊到了"窃玉偷香"，从"窃玉偷香"聊到了"四大美人"，从"四大美人"聊到了"贵妃醉酒"，聊了个不亦乐乎。送走表弟，有点兴奋，再加上咖啡碱作怪，久不能寐。趁着活跃的思维，把聊天

内容稍加整理，书记下来，示之茶友，权作聊资。

爱茶的朋友们都知道，历史上的茶学专著当中有一本叫《茶录》，是北宋蔡襄于 1051 年写的。蔡襄，字君谟，北宋名臣，书法家、文学家、茶学家。书法史上素有"苏、黄、米、蔡"四大书家的说法，前三家分别指苏轼、黄庭坚、米芾，蔡就是蔡襄。宋代名茶小龙团就是蔡襄首创。宋庆历年间，蔡襄到福建做转运使，他改造北苑制茶工艺，从品质花色入手，首创小龙团茶，超过了丁谓创制的龙团凤饼。《宣和北苑贡茶录》载："自小团出，而龙凤遂为次矣。"欧阳修在《归田录》中也说："其品精绝，谓之小团，凡二十饼重一斤，其价值金二两，然金可有而茶不可得。"

皇祐三年（1051 年），蔡襄奉诏返京面圣，宋仁宗夸赞了蔡襄任福建转运使时"所进上品龙茶最为精好"。蔡襄退朝后，萌生书写《茶录》之意。他在自序里说："臣前因奏事，伏蒙陛下谕，臣先任福建转运使日所进上品龙茶最为精好。臣退念草木之微，首辱陛下知鉴，若处之得地，则能尽其材。昔陆羽《茶经》，不第建安之品；丁谓《茶图》，独论采造之本。至于烹试，曾未有闻。臣辄条数事，简而易明，勒成二篇，名曰《茶录》。伏惟清闲之宴，或赐观采，臣不胜惶惧荣幸之至。仅叙。"宋代建茶能名冠天下，与蔡襄书作、推广是分不开的，北苑茶业也因此发展到了一个新高峰。蔡襄于茶的造诣有多高呢？据说当时论茶者没人敢在蔡襄面前发言，恐班门弄斧，自讨没趣。

与知名度甚高的《茶录》相比，很少有人知道蔡襄还写过一本我国现存最早的果木专著——《荔枝谱》。这是蔡襄在泉州任职的时候写的，专为福建荔枝而著，是一部记录荔枝知识的古代科普书籍，具有很高的植物学、农学和史学价值。说它是"现存最早"的，是因为在蔡襄之前，宋初的南海主簿郑熊曾写过一部《广中荔枝谱》，专门记录广东地区的荔枝，涉及 22 个品种，可惜的是书已亡佚。《荔枝谱》开篇就说："荔枝之于天下，唯闽粤、南粤、巴蜀有之。汉初南粤王尉佗以之备方物。于是始通中国。"东晋葛洪辑抄的《西京杂记》也说："尉佗尝献鲛鱼、荔枝，高祖报以蒲桃锦四匹。"这是荔枝作为贡品的最早记录。尉佗，就是南越王赵佗他原来是秦朝大将，秦末天下大乱，赵佗割据岭南，建立南越国，汉高祖十一年（公元前196 年）降汉称臣。

吃鲜荔枝，剥皮吐核儿自不必说，难得的是蔡襄在《荔枝谱》里记载了四种北宋时期的荔枝再加工吃法：红盐法、白晒法、蜜煎法、晒煎法。红盐法，用盐梅卤来浸泡佛桑花成红浆，然后把荔枝放进腌制，之后捞出晒干，做成荔枝干，这样的荔枝干"色红而甘酸，可三四年不虫"；白晒法，把鲜荔枝放到烈日下晒至核硬为止，然后储存于瓮中，密封百日；蜜煎法，剥生荔枝，榨去其浆，然后用蜜煮之；晒煎法，这是蔡襄自己发明的一种吃法，将荔枝晒至半干后再放进蜜中煮，这样的荔枝"色黄白而味美可爱"。大茶家吃什么都有讲究，水果都吃得别出心裁。

蔡襄的《荔枝谱》从自然、人文的角度论述了荔枝的产地、特性、品种，食用历史；从工艺的角度描述了荔枝的种植、养护，加工、贮藏。说它是一部荔枝"小百科全书"一点都不为过。《荔枝谱》写成后，欧阳修为之写题跋《书荔枝谱后》："牡丹花之艳，而无甘实；荔枝果之绝，而非名花……二者惟不兼万物之美，故各得极其精。"蔡襄作《荔枝谱》、欧阳修写《洛阳牡丹记》都源于对生活对自然的热爱，他们同是善于发现、善于探索。老话说得好，"成功是留给有准备的人的"，我们习茶、做茶也应具备这种勤奋精神，要求索、要深研，不能仅仅停留在理论上。蔡襄、欧阳修有一段趣闻，欧阳修想把自己的《集古录目序》进行石刻，就去请蔡襄帮忙书写。虽然他们是好朋友，但蔡襄一听，张口就向欧阳修索要润笔费。欧阳修知道蔡襄是位茶痴，便用小龙凤团茶和惠山泉水替代润格之资。蔡襄听完说道："太清而不俗。"二人会心对笑。

自宋迄清，还有一些关于荔枝的专著，有兴趣的朋友可以找书一观，如明代宋珏的《荔枝谱》、曹蕃的《荔枝谱》、邓道协的《荔枝谱》、吴载鳌的《记荔枝》，清代林嗣环的《荔枝话》、陈定国的《荔谱》、陈鼎的《荔枝谱》、吴应逵的《岭南荔枝谱》。

汉武帝时期，文学史上首次提到了荔枝。文章作者就是历史上有名的"窃玉偷香"中"窃玉"的那位——大辞赋家司马相如。司马相如在他的《上林赋》里写道："于是乎卢橘夏熟，黄甘橙楱，枇杷橪柿，亭奈厚朴，樗枣杨梅，樱桃蒲陶，隐夫薁棣，荅遝离支，罗乎后

宫，列乎北园。"离支，就是荔枝。

说起"窃玉"挺有意思的。司马相如年轻的时候就不安分，因为官场不得志，辞官不做，四处游玩。有一次他到了四川临邛。有些茶友可能知道，临邛是个产茶的地方，历史上的火番饼茶就出在临邛。五代毛文锡《茶谱》记载："邛临数邑，茶有火前、火后、嫩绿、黄芽号。又有火番饼，每饼重四十两，入西番、党项重之。如中国名山者，其味甘苦。"名山，就是现在四川的蒙顶山。西番茶，就是四川临邛的火番饼。元朝忽思慧在其《饮膳正要》里说："西番茶，出本土，味苦涩，煎用酥油。"火番饼茶在元朝时由四川销往藏区，在清朝还作为贡茶进上。

到了临邛的司马相如，受邀做客富豪卓王孙家。《史记·司马相如列传》里说："是时卓王孙有女文君新寡，好音，故相如缪与令相重，而以琴心挑之……文君窃从户窥之，心悦而好之，恐不得当也。既罢。相如乃使人重赐文君侍者通殷勤。文君夜亡奔相如。相如乃与驰归成都。"席上酒酣耳熟的时候，众人请司马相如抚琴弹曲助兴。因久仰相如文采，卓王孙的女儿卓文君遂从帘外窥视相如。这位大才子亦久慕文君，佯作不知，操琴弹唱了一首"凤求凰"。"凤兮凤兮归故乡，游翱四海求其凰"，使得隔帘听曲的卓文君春心荡漾，为之倾倒，引出了"文君夜奔"。那是在汉朝，摒弃封建世俗观念，勇于追求真爱，真是了不起。这就是有名的"相如窃玉"。

再说说才女卓文君。私奔之后，卓王孙大怒，不认女儿。小两口儿为贫所迫，变卖所有东西开了家小酒铺。每天，文君当垆卖酒，相如打杂。后来，卓王孙心疼女儿，又被这对小夫妻的真爱所动，就送了钱财和仆人给他们，一家人言归于好。之后的司马相如春风得意，又受到了皇帝的重用，开始飘飘然，日日周旋在脂粉堆里，耽于逸乐,后来竟要弃了文君另娶他人。

卓文君知悉后也不哭闹,打开墨盒,告饱了笔,点点如桃笔笔如刀,给司马相如写了一封信以示诀别。信的内容就是传为文君所作的《白头吟》。

皑如山上雪,皎若云间月。
闻君有两意,故来相决绝。
今日斗酒会,明旦沟水头。
躞蹀御沟上,沟水东西流。
凄凄复凄凄,嫁娶不须啼。
愿得一心人,白头不相离。
竹竿何袅袅,鱼尾何簁簁!
男儿重意气,何用钱刀为!

并附书："春华竞芳，五色凌素，琴尚在御，而新声代故！锦水有鸳，汉宫有木，彼物而新，嗟世之人兮，瞀于淫而不悟！朱弦断，明镜缺，朝露晞，芳时歇，白头吟，伤离别，努力加餐勿念妾，锦水汤汤，与君长诀！"

司马相如见到回信当时就愣在那儿了，瞅着熟悉的字迹发呆，脑海里往事帧帧浮现，历历在目。他幡然觉醒，良心发现，痛哭流涕。归，致歉文君，和好如初，终老白头。

800 多年以后，杜甫在琴台凭吊司马相如，写了《琴台》一诗：

茂陵多病后，尚爱卓文君。

酒肆人间世，琴台日暮云。

野花留宝靥，蔓草见罗裙。

归凤求凰意，寥寥不复闻。

说荔枝，不能不提唐代的大美人杨玉环。杨玉环喜食荔枝，对它情有独钟。李肇在《唐国史补》中说："杨贵妃生于蜀，好食荔枝。南海所生，尤胜蜀者，故每岁飞驰以进。"现代科学表明，荔枝含有的糖分极高，每 100 克荔枝中所含糖分高达 16 克。看来，多吃荔枝，实际就是多摄取了糖，对于养尊处优的贵妃来说能起到丰乳肥臀的作用，这完全符合唐人的审美观，难怪杨玉环好这一口。

唐玄宗时期，宫廷里有首很有名的乐曲叫《荔枝香》。《新唐书·志十二·礼乐十二》里说："帝幸骊山，杨贵妃生日，命小部张乐长生殿，因奏新曲，未有名，会南方进荔枝，因名曰《荔枝香》。"

"回眸一笑百媚生，六宫粉黛无颜色"的杨玉环堪称绝代佳人。

大家知道，中国历史上有四大美人，人们常以沉鱼、落雁、闭月、羞花来分别形容西施、王昭君、貂蝉、杨贵妃四位女子的绝代芳姿。沉鱼，说的是西施在溪边浣纱，水里的鱼儿觉得西施太美丽了，都惭愧地沉到水底不出来；落雁，说的是昭君出塞，王昭君骑在马上，拨弦弄曲，南飞的大雁听到这悦耳的琴声，只顾着看骑在马上的美丽女子而忘记扇动翅膀，跌落在地；闭月，说的是貂蝉拜月，貂蝉在后花园拜月时，忽然轻风吹来，一片浮云将那皎洁的明月遮住，于是人们就说貂蝉美得让月亮都躲在云彩后面不敢出来了；羞花，说的是杨贵妃同宫女们一起到宫苑赏花，无意中碰着了含羞草，草的叶子立即卷了起来，宫女们都说是杨玉环的美貌使得花草自惭形秽，羞得抬不起头来。

　　窃以为沉鱼、落雁、闭月、羞花这四种美是可比较之美，是定义美、结果美，缺少韵味。美是什么？美是韵之极，尚韵方美。《淮南

兜兜在国家博物馆观唐代乐俑

子》中就说："佳人不同体，美人不同面，而皆说（悦）于目。"柏杨说："世界上最颠倒众生的，不是美丽的女人，而是最有吸引力的女人。"在英国被誉为比绅士还绅士的蔼理斯也说："魅力是女人的力量，正如力量是男人的魅力。"

自古至今，东西方对美女的定义暗和。要赏心悦目的美，就一定要有韵味。所以我觉得四大美人应该是妲己、褒姒、西施、杨贵妃。她们美在哪儿呢？妲己美在狠，褒姒美在笑，西施美在病，杨贵妃美在醉。"狠妲己，笑褒姒，病西施，醉杨妃"也。

怎么讲？

狠妲己。在小说《封神演义》里，妲己是冀州侯苏护的女儿："乌云叠鬓，杏脸桃腮，浅淡春山，娇柔柳腰，真似海棠醉日，梨花带雨，不亚九天仙女下瑶池，月里嫦娥离玉阙。"后来被千年狐狸精借体成形，所以又带媚态。尤其在她残害人的时候，柳眉一挑，杏眼一瞪，银牙一咬，用北京话说叫"撒狠儿"，就那个时候的样子，美！纣王爱看。就是为了看这个"撒狠儿"的美，昏聩的商纣王由着妲己杀了多少忠臣啊。

笑褒姒。褒姒在周幽王身边板着脸整天不笑。周幽王为了逗她笑，千里烽火戏诸侯。各地诸侯看到狼烟起了，纷纷率兵赶去救驾。跑得盔歪甲斜，带朗袍松，狼狈不堪。褒姒一看，一捂嘴，乐了。那个时候的样子，美！周幽王为博褒姒一笑，点烽火，戏诸侯，后来诸侯们都不相信"狼来了"，以致犬戎破镐京时无人救驾。幽王被杀，平王即位，东周开始。

病西施。西施有心窝儿疼的病，一疼，捂着心口儿，皱着眉头，那个时候的样子最美。这是一种超寻常的病态美。那吴王夫差一看，美！在宫里就没见过这样的美人儿。相似的还有《红楼梦》里的林黛玉，也是病态美。黛玉天生体弱多病，她的美在骨不在皮，是有文化底蕴的美，从骨子里散发出婉约灵动的才情之美。

醉杨妃。唐朝女子以胖、丰韵为美。杨玉环候驾百花亭，玄宗还没来，引的贵妃思念，郁郁寡欢，把陪王伴驾的酒都喝光了。杨贵妃这一喝喝高了，开始撒酒疯，忽而自哀自怨，忽而醉步玩闹。那个样子，美！京剧里有一出著名的曲目叫《贵妃醉酒》，是梅派经典。大家闲时不妨欣赏一下梅派的《贵妃醉酒》，梅兰芳大师华丽的扮相，精湛的演技和卓越的唱腔使得舞台上的醉杨妃美若天仙。通过太平酒、龙凤酒、春宵酒这三醉，把深宫丽人借酒消愁的郁闷心理刻画得淋漓尽致。"人生在世如春梦，且自开怀饮几盅"，衔杯、卧鱼、醉步、扇舞这些难度甚高的桥段，梅先生表演起来举重若轻，舒展自然。加之动听的京剧韵律，直把人看得如醉如痴。

自从在武夷桐木关做出这款有独特荔枝香味的红茶——醉杨妃，

每次一到月色浩瀚的夜晚，我就会想象杨玉环一手捏着酒杯，一手提着一串荔枝出场，然后婀娜多姿、醉意蹒跚地唱道："海岛冰轮初转腾，见玉兔，玉兔又早东升。那冰轮离海岛，乾坤分外明，皓月当空，恰便似嫦娥离月宫……"

仲夏月夜，茶桌对坐，二哥从家里取来京胡，拉了段《贵妃醉酒》。表弟背倚竹摇椅，一边品着荔枝香味的"醉杨妃"，一边和着曲韵，眯着双眼，摇头晃脑，有板有眼地以手击节。瞅着他那样子，我"扑哧"笑了，"这京剧腔韵不比川剧，听得习惯吗？"这位连眼都没舍得睁，慢条斯理地甩了句地道的四川话出来："巴——适！"

5.清凉甘甜虞美人

浪淘沙·赋虞美人草

宋·辛弃疾

不肯过江东。玉帐匆匆。至今草木忆英雄。唱着虞兮当日曲，便舞春风。

儿女此情同。往事朦胧。湘娥竹上泪痕浓。舜盖重瞳堪痛恨，羽又重瞳。

英雄末路，美人薄命。楚汉相争，项羽被困垓下，四面楚歌。霸王别姬，虞姬节烈，死不降汉，不负项羽，拔剑自刎，巾帼也！传说她的鲜血洒在身边的青草上，生成鲜艳的花朵，后人就把这种花称为虞美人。

唐朝时期，教坊里就有曲调咏虞姬了，韵调优美，此曲即名《虞美人》。用《虞美人》作词的名段要数南唐后主李煜了："春花秋月

何时了，往事知多少？小楼昨夜又东风，故国不堪回首月明中。雕栏玉砌应犹在，只是朱颜改。问君能有几多愁？恰似一江春水向东流。"北宋沈括的《梦溪笔谈》里有段有趣的记载："高邮桑宜舒，性知音，旧闻虞美人草，逢人作《虞美人曲》，枝叶皆动，他曲不然，试之如所传。"这个桑宜舒，看来也是一个痴相公，他为了验证虞美人草会不会听到小曲儿就摇动，去亲身实践，发现传闻与实际真的是一致的。

说到这儿，我有点感想，大家都是爱茶之人，一直都在学习茶，那为什么有的人就喝了几年、十几年，甚至几十年茶，还喝不明白呢？我真见过这样的朋友，他并没有偷懒，也是一直在买、喝、学，可是真就没有喝明白茶。这是什么原因呢？就我的经验来看，这些朋友根本就没有喝到过真正的茶。比方对于六大茶类，根本就没有喝到过其中具有代表性的茶。什么茶可以称作代表茶呢？首先，这个茶的制作符合国家标准；其次，茶青更好，工艺更合格，做茶更用心，这样做出来的茶就是同类茶里的典型代表。

生活中，我们经常会面对同一个茶品种的不同品牌出产的茶的情况。拿龙井茶来说，很多商家都说自己卖的是西湖龙井，其实到底是西湖狮峰群体种土龙井，还是龙井 43？是产自钱塘的龙井还是其他产地的龙井？若没有一个标准，怎么来判断喝的龙井是正宗的还是不正宗的？如果连这个都判断不了，茶学的还有意义吗？我用自身经验告诉大家，在一开始学茶的时候，一定要去找六大类茶中的最具代表性的茶去喝，就能知道这类茶真正的茶性是什么样的，这类茶最具特点的味道是什么样的，它的口感如何，这样才能喝明白茶。

具有代表性的茶都是等级比较高的茶。好茶，产量都小，这是不争的事实。如果能在市场上找到真正的好茶，实际已经跟茶缘分不浅了。这些茶，虽然价格可能会贵，但可以少买，不会比瞎喝了一百种茶的总价贵。喝懂了好茶，不但能在学茶的路上突飞猛进，而且还可以学会挑选适合自己的、性价比高的茶。

接着说虞美人，《花镜》说虞美人："江浙最多，丛生，花叶类罂粟而小，一本有数十花，茎细而有毛，发时蕊头朝下，花开始直，单瓣、丛心，五色俱备，姿态葱秀，因风飞舞，俨如蝶翅扇动，亦花中之妙品。"难怪恽南田在他的虞美人画作上题文"分明翠袖盈盈立，如见红罗步步来"。

怎么想起说虞美人了呢？主要是源于我去年做的一款私房红茶，就叫"虞美人"。这是用武夷山桐木关自然保护区内高海拔上好山场竹林里的野生茶做的。使用传统烟熏工艺，汤水甘甜清凉，如吮薄荷，并带着让人生津的微微果酸。把茶汤含嘴里，闭眼，一抿嘴，咽下，那种回味，恍如置身竹林溪畔、茅舍生烟的山场，幽幽气息，清凛而来。尤其是在数九隆冬的暖气房中闲坐，来上一杯"虞美人"，那感觉真是只可意会而不可言传。

我喜欢恽南田的虞美人图和辛弃疾的词，所以早就给茶取好了"虞美人"这个名字。为此还托景德镇一老友专门在瓷板上施粉彩与珐琅彩二技法，给我临了一幅恽南田的虞美人。今早正好在喝虞美人茶，一边喝一边观画，随手写了这篇小文。隆冬时节，流行性感冒多发，不妨饮些红茶。红茶有抑毒杀菌的作用，茶红素可以改善血瘀，于身体是有好处的。切记，喝茶要健康，喝好茶，喝淡茶，喝温热的茶，不喝烫茶。

PART 16

渥 堆 发 酵

得 黑 茶

1. 黑茶最早销边疆

黑茶是六大茶类中的一种，过去主要是供边疆少数民族饮用，俗称"边销茶"。早先人们对它的认知并不多，近些年来随着生活水平的提高，高血压、高血脂、高血糖这些原来在西方高发的"现代病"在我国的比例不断上升。这时科研人员发现了一个现象，以奶、肉为主食的边疆少数民族很少有得"三高"这些病的。经过观察和研究，黑茶进入了人们的视野。研究发现，黑茶具有很强的解油腻、消积食的功效，西北少数民族甚至有"宁可三日无食，不可一日无茶"之说。

"黑茶"二字从文献资料上看，最早见于明嘉靖三年（1524年）御史陈讲的奏疏中。针对当时安化黑茶味美价廉，对官茶形成的严重冲击的情况，政府为了稳定市场，保证收益，就把安化黑茶变为官茶，用于茶马交易。陈讲在奏疏中讲道："以商茶低伪，悉征黑茶。地产有限，仍第为上中二品，印烙篾上，书商名而考之。每十斤蒸晒一篾，运至茶司，官商对分，官茶易马，商茶给卖。"这段文字还透露了一个信息，在此之前已有其他的茶参与了茶马互市，那就是四川的"乌茶"。

聊黑茶，不能不提到"茶马互市"。茶马互市起源于唐、宋，一直延续到清朝，是古代中原地区汉民族与边疆少数民族间一种传统的以茶易马或以马换茶的贸易往来。不用货币买马的原因，一是运钱不便，同时又担心对方把铜钱铸成兵器，故以布帛及无用之茶叶易马。

茶马互市在满足国家充实军备的同时，也能加强对少数民族的管理，起到治边安疆的目的。黑茶就是在茶马交易的过程中发展出来的茶类。那时候，参与茶马交易的由四川粗老绿茶制成的蒸青团茶在运往边境交易的路途中顶风冒雨，人扛马驮，跋山涉水。长达数月的运茶路上，茶叶在行进中颠簸，并在湿热作用下使得茶叶内的多酚类物质发生了氧化。本是绿色的原茶，到达目的地后，外表变成了乌青色，所以人们将之称为黑茶。四川乌茶应该是中国黑茶最早的形态。

《新唐书·陆羽传》载："其后尚茶成风，时回纥入朝，始驱马市茶。"宋朝熙宁年后，进一步完善茶马交易的机构，在甘肃、陕西、宁夏等地设立了茶马司，以茶易马。茶马司的职责是："掌榷茶之利，以佐邦用；凡市马于四夷，率以茶易之。"元代在甘肃陇南设置专卖局，明朝在西宁、张掖、兰州等地设茶马司，清朝又设茶马司

于临夏、临潭、西宁、张掖、兰州。清顺治十八年（1661年），应达赖喇嘛请求，清政府又在云南永盛设立茶马互市。正是基于茶马交易的盛行，黑茶逐步发展成熟。

黑茶是在湿热条件下，有微生物参与物质转化的后发酵茶类。现代黑茶的基本工艺流程是鲜叶杀青、揉捻、渥堆、筛分、陈化、蒸压、干燥。高温杀青的主要目的是彻底钝化鲜叶中酶的活性，制止多酚类化合物的酶促氧化。只有这样，才能确保毛茶品质不会氧化红变，不会向红茶的方向转化。渥堆，是形成黑茶品质的一个最为关键的环节，是黑茶类区别于其他茶类的一种特殊工艺。黑茶制作的整个过程里，前段的做法很像绿茶的制作工艺，要杀青。在杀青时，必须迅速提高鲜叶杀青的叶面温度，确保多酚氧化酶在短时间内被钝化，后段又很像红茶的制作工艺，需要一个氧化过程。但与红茶不同的是，红茶的氧化是茶叶自身所含多酚氧化酶参与的酶促氧化，而黑茶在渥堆的湿热过程及其后续发酵过程中的多酚氧化酶来自空气中微生物分泌的胞外酶，不是茶叶自身所含多酚氧化酶，茶叶自身所含的多酚氧化酶已在杀青环节被钝化。渥堆过程中，各种微生物大量繁殖，不断地进行新陈代谢，同时分泌各种胞外酶，促使蛋白质、果胶、纤维素的分解，儿茶素酶促氧化，各种香气成分形成。这种生化动力和湿热条件促进了黑茶不苦不涩、滋味醇和、汤色橙黄不绿、叶底黄褐不青等特有品质的形成。可以看出，微生物对形成黑茶特殊品质的色、香、味起着决定性作用。各种黑茶虽然产地、气候、原料不同，渥堆的温度、湿度、透气性、时间有所差异，但不同品种的黑茶的渥堆基本原理是一致的。

我国的黑茶产区主要分布在四川、湖南、湖北、云南、广西等地。由于各地原料特征有异、加工习惯不同，形成了各产地独特的产

品形式和品质特征。现在黑茶的主要品种有云南的普洱茶、湖南的安
化黑茶、四川的藏茶、广西的六堡茶、湖北羊楼洞的青砖茶、陕西泾
阳的茯砖茶等。

2. 溯本逐源话普洱

普洱地区产茶的文字记录最早出现在唐代樊绰的《云南志》中。
《云南志》又称《蛮书》，大约成书于 863 年。樊绰跟随经略使蔡
袭时，蔡袭为了对付南诏国，遂命樊绰对南诏情况进行调查搜集。南
诏国是古代国名，8 世纪时活跃在云贵高原洱海地区。樊绰在参考前
人袁滋所撰《云南记》和韦皋所撰《开复西南夷事状》二书的基础上
写成了《云南志》。该书卷七《云南管内物产第七》中说："茶出银
生城界诸山，散收无采造法。蒙舍蛮以椒、姜、桂和烹而饮之。"蒙

舍蛮是泛指，代表的是当时南诏国的各个民族。宋朝李石的《续博物志》里也记载道："茶，出银生诸山，采无时。杂椒、姜、桂烹而饮之。"可以看出，在唐宋时普洱地区所产之茶还不是现在我们喝的后发酵的普洱黑茶，而是"散收无采造法"之茶，应该是原始的白茶或绿茶。《云南志》成书已是在陆羽的《茶经》问世83年之后，可见当时普洱地区的茶叶生产制作还是相当落后的。

银生城是唐代南诏国银生节度区的首府。银生节度又称开南节度，管辖区域相当于现在的西双版纳和思茅区。"银生城界诸山"，顾名思义，指的是现在西双版纳和思茅区的诸多茶山，也就是清代檀萃和阮福所说诸山。檀萃在其《滇海虞衡志》中写道："普茶名重于天下，此滇之所以为产而资利赖者也。出普洱所属六茶山一曰攸乐，二曰革登，三曰倚邦，四曰莽技，五曰蛮砖，六曰慢撒，周八百里。"阮福著的《普洱茶记》说："普洱茶名遍天下，味最酽，京师尤重之。福来滇，稽之《云南通志》，亦未得其详，但云南攸乐、革登、倚邦、莽枝、蛮砖、蛮撒六茶山。而倚邦、蛮砖者味最胜。"又说："本朝顺治十六年（1659年）平云南，那酋归附，旋叛伏诛。编隶元江通判，以所属普洱等处六大茶山纳地设普洱府。并分防设思茅同知，驻思茅。思茅离府治一百二十里。所谓普洱茶者，非普洱府界内所产，盖产于府属之思茅厅界也。厅治有茶山六处曰倚帮、曰架布、曰峭崆、曰嶍砖、曰革登、曰易武。"

"普茶"一词最早出现在明代谢肇淛的《滇略》卷三中，书中写道："滇苦无茗，非其地不产也，土人不得采取制造之方，即成而不知烹瀹之节，犹无茗也。昆明之太华，其雷声初动者，色香不下松萝，但揉不匀细耳。点苍感通寺之产过之，值亦不廉。士庶所用，皆普茶也，蒸而成团，瀹作草气，差胜饮水耳。"谢肇淛是在万历年间

到云南担任右参政的，他认为云南没有好茶，不是因为云南不产茶，而是不懂得制茶的方法。制出茶叶也不懂得如何烹瀹品饮，等于无茶。但当时云南无论有身份的士人，还是没地位的庶民，都饮用普茶。在来自文化繁荣地区的谢肇淛看来，饮普茶，只不过比喝白开水强一点而已。

谢肇淛是福建长乐人，生于钱塘（今浙江杭州），明代博物学家、诗人。入仕后，历游川、陕、两湖、两广、江、浙各地名山大川，博学能诗文，所至皆有吟咏。所著《五杂俎》为明代一部很有影响的博物学著作，《太姥山志》亦为其所撰。谢肇淛具有唯物主义观点，在科学不发达的古代，很多人都认为谁要是被雷电击中了就说明他做了坏事，受到了老天爷的报应。而谢肇淛认为雷电击人，不过是被人恰巧遇上而已。通过观察，谢肇淛发现他家门前的大树每年春天都要被雷电击中，所以他认为雷电击物或袭人是有规律的，"雷之蛰伏似有定所"。他的观点是，如果说老天爷是有目的地使用雷电击人，那么枯树被雷电所击，难道它也做了什么错事因而遭到报应吗？谢肇淛还严厉地驳斥因果报应的思想，这在当时看来是离经叛道的。

作为好茶之人，我们在习茶过程中应该牢记谢肇淛的这种求真、求实思想，不要人云亦云，现在很多朋友对某些茶的根本口感已经偏离了，被市场，被"大师"，被情怀，被文艺，带偏了。好茶之人应该回归初心，寻求茶本真的味道。

"普洱茶"三个字，见于文字的最早记录是在明代方以智所撰《物理小识》中，书中记道："普洱茶蒸之成团，西番市之。"那时普洱茶是"蒸之成团"，且销往藏区。明人王庭相作《严茶议》，说："茶之为物，西戎吐蕃古今皆仰给之，以其腥肉之食，非茶不消；青稞之热，非茶不解。故不能不赖于此，是则山林茶木之叶，而

关国家政体之大，经国君子，固不可不以为重而议处之也。"

　　清雍正七年（1729 年），在云南实行改土归流。（即把少数民族土司管理的方式改为政府官员管理方式。土司即原民族的首领，流官由朝廷中央委派。改土归流有利于消除土司制度的落后性，同时加强中央政权对西南一些少数民族聚居地区的管理）政策的云贵总督鄂尔泰向雍正上奏："睿鉴事窃服：云南元江府所辖车里、茶山地方，幅员辽阔至二千余里，摆夷、窝泥等狡诈犷悍，反复靡常……请于普洱设知府一员，钤束化导，并管征解钱粮地方诸务。思茅接壤茶山，系车、茶咽喉之地，请将普洱原设通判移驻思茅，职任捕盗，经管思茅、六茶山事务。从前贩茶奸商重债剥民，各山垄断，以致夷民情急操戈。查六茶山产茶每年六、七千驮，即于适中之地设立总店，买卖交易不许客人上山，永可杜绝衅端。"鄂尔泰所请获准，遂设普洱府，自此官方始垄断六大茶山经营。

清雍正年间，普洱茶作为贡茶开始进入宫廷。官府采办贡茶很严格，讲究"五选八弃"，即选日子、时辰、茶山、茶丛、茶枝，弃无芽、叶大、叶小、芽瘦、芽曲、色淡、食虫、色紫。其后普洱茶名声大振。乾隆时檀萃的《滇海虞衡志》里已有"普洱茶名重于天下"之语。道光年阮福所著《普洱茶记》也说："普洱茶名遍天下，味最酽，京师尤重之。"

清乾隆年间张泓所撰的《滇南新语》中记载当时普茶的形态："……则有毛尖、芽茶、女儿之号。毛尖即雨前所采者，不作团，味淡香如荷，新色嫩绿可爱。芽茶较毛尖稍壮，采制成团。以二两、四两为率。滇人重之。女儿茶亦芽茶之类，取于谷雨后。以一斤至十斤为一团，皆夷女采治，货银以积为奁资，故名。其余粗普叶皆散卖滇中，最粗者熬膏成饼，摹印，备馈遗。"

清代道光年阮福写的《普洱茶记》记载了普洱茶作为贡茶的情况。阮福，字赐卿，号喜斋，清仪征人，居扬州。官至甘肃平凉知府，候选郎中。因为擅长考据，所以在他写《普洱茶记》时，首先从文献上对有关记录普洱茶的相关文字进行了梳理，像《云南通志》、李石的《续博物志》、檀萃的《滇海虞衡志》等文献，阮福都对其中记录的关于普洱茶的语句进行了归纳整理。并对《贡茶案册》中记载的有关普洱茶进贡宫廷的细节诸如产自何地、采摘时令、制作标准、成品重量、由什么机构办理、进贡哪些茶品及每年所用经费多少都做了明确记录。当下《贡茶案册》多已不存，亏了阮福的记述，否则我们很难知道那些当年的细节。现在普洱茶复兴崛起，成为人尽皆知的名茶，各种普洱茶著作、文章纷纷面世，让人目不暇接。但是迄今为止，依然没有一篇文章能和阮福的这篇800字小文相媲美。阮福真是普茶之福。

阮福在《普洱茶记》中写道："每年备贡者，五斤重团茶，三斤重团茶，一斤重团茶，四两重团茶，一两五钱重团茶；又瓶盛芽茶、蕊茶、匣盛茶膏共八色。思茅同知领银承办。"又说："于二月间采蕊极细而白，谓之毛尖，以作贡，贡后方许民间贩卖。采而蒸之，揉为团饼。其叶之少放而犹嫩者，名芽茶；采于三四月者，名小满茶；采于六七月者，名谷花茶；大而圆者，名紧团茶；小而圆者，名女儿茶。女儿茶为妇女所采，于雨前得之，即四两重团茶也；其入商贩之手，而外细内粗者，名改造茶。"大家注意，此时皇帝喝的普洱贡茶

还是蒸青绿茶、高等级芽、蕊绿茶与茶膏，并非今天的普洱茶。进贡任务完成后，允许民间贩卖的那种"外细内粗"，被称作"改造茶"的又是什么茶呢？

行文至此，我们来讨论一个有关普洱茶茶性的问题。民国时有一位叫柴小梵的人，他写过一本书名叫《梵天庐丛录》，内容为明清遗闻掌故、秘闻轶事、名物考据等。1926 年由中华书局出版发售，极受欢迎。在《梵天庐丛录》中有这样一条关于普洱茶的文字记录："普洱茶产云南普洱山，性温味厚。"我们都知道，云南普洱茶属于大叶种茶类，茶多酚、咖啡碱的含量很高，味苦性寒。正如清代著名医学家赵学敏所著《本草纲目拾遗》中的记载："普洱茶，味苦性刻，解油腻牛羊毒；……逐痰下气，刮肠通泄；消食化痰，清胃生津，功力尤大。"但是《梵天庐丛录》中为什么会对普洱茶有性温不寒的记录呢？性温不寒，这不是发酵茶的特点吗？清末就有了普洱熟茶了吗？普洱熟茶不是新中国成立后才有的吗？这些问题不弄明白，就不可能对普洱茶有完整清晰的认知。

大家不要以为自古就有我们现在喝的普洱熟茶，普洱熟茶是 1973 年才在昆明试制成功的，而且当时压的是砖茶，不是饼茶。因为当时的产品是试验品，经验不足，故压出的茶砖较厚，这就是被市场炒得火热的"73 厚砖"。作为试验品的"73 厚砖"数量很少，但它在市场上层出不穷，想想看，能买到真砖的可能性有多大？

那么《梵天庐丛录》为什么会对普洱茶有性温不寒的记录呢？想搞清楚这件事，我们还得要感谢那位清朝的才子阮福了。阮福在《普洱茶记》里讲得很清楚，当时云南普洱茶在把高等级的绿茶向朝廷进贡之后，余下的等级较低的夏秋茶和粗老茶经商贩们的手在民间贩卖。我们要说的就是这里的入商贩之手，外细内粗，允许在民间贩

卖，供民间所饮用的紧压茶——"改造茶"。

　　这个"改造茶"究竟是怎样的呢？古六大茶山倚邦土司曹清明在1910年给当时的思茅同知黎肇元的文书中写道："思茅茶有粗细之分，揉造有搭配之法，如每年二三月间，初发芽茶，茶色俱佳，名曰春茶，又曰尖芽。夏季续发者，色味稍次，仍为细茶，名曰梭边。后此所产，名曰二水，又名泡黄，质粗味薄，俱为粗茶。而递年所出尖（毛尖）、梭（梭边）二种，不过居十之一二，粗茶占十之八九，除采选贡茶外，所余细茶已数无多。各商号贩运出境，向以粗茶为心，尖梭盖面，揉造成圆，使易行销，故散茶有出关之禁。"曹清明的文字描述得很清晰，"改造茶"是一种用粗茶做成的饼茶，只不过在它表面撒了一层较嫩的茶青，以此起到掩人耳目或者说装饰的作用，以图有个好看的卖相。

　　我们找个有代表性的产品，来看一下"各商号贩运出境，向以粗茶为心，尖梭盖面，揉造成圆，使易行销"的"改造茶"有何内在特点。创始于乾隆年的同庆号，堪称茶界的百年老号。光绪时，清政府商部"采择各国通例，参协中外之宜，酌量添改"定《商标注册试办章程》《商标注册细目》。同庆号于是向朝廷申领了同庆商标"龙马图案"。此为红色内票，上端有云南同庆号字样，中间是白马、云龙、宝塔图案，下端是茶庄与其普洱茶介绍。百年"同庆号"茶饼内飞（压在普洱茶饼上的标识，用于证明该茶与制作者的关系，目的是防伪）上写着："本庄向在云南，久历百年。字号所制普洱，督办易武正山阳春细嫩白尖，叶色金黄而厚，水味红浓而芬香，出自天然。今加内票，以明真伪，同庆老号启。"从这些文字可以看出行销民间的"改造茶"有两个特点，一是汤色红，二是香气芬芳。汤色红，说明茶叶已经有了一定程度的发酵，茶红素已经生成。"芬香"，说明茶的自然香气还有保留，发酵程度较轻，因为如果是重发酵，茶的自然香气肯定是会挥发掉的。也就是说，"改造茶"既有发酵茶的特点——汤色红，还又兼带芬芳的香气。这就呼应了前面柴小梵在《梵天庐丛录》书中说的"普洱茶产云南普洱山，性温味厚"。不经过发酵哪里会"性温味厚"呢？

对于"改造茶"所具有的发酵工艺，很多茶界前辈都留下了宝贵的文字记录。

1939 年李拂一先生著的《佛海茶叶概况》载道："佛海一带所产茶叶，品质优良，气味浓厚，而制法最称窳败，不规则之多次发酵，仅就色泽一项而论，由绿而红以至暗褐，印度之仿制无成，或以此耶。""佛海茶叶制法，计分初制、再制两次手续。土民及茶农将茶叶采下，入釜炒使凋萎，取出竹席上反复搓揉成茶，晒干或晾干即得，是为初制茶。或零星担入市场售卖，或分别品质装入竹篮。入

篮须得湿以少许水分，以防齑脆。竹篮四周，范以大竹箨（俗称饭笋叶）。一人立篮外，逐次加茶，以拳或棒捣压使其尽之紧密，是为'筑茶'，然后分口堆存，任其发酵，任其蒸发自行干燥。所以遵绿茶方法制造之普洱茶叶，其结果反变为不规则发酵之暗褐色红茶矣。此项初制之茶叶，通称为'散茶'。制造商收集'散茶'，分别品质，再加工制为'圆茶''砖茶'或'紧茶'。另行包装一过，然后输送出口，是为再制造。兹分述于下：……'紧茶'，紧茶以粗茶包在中心曰'底茶'；二水茶包于底茶之外曰'二盖'；黑条者再包于二盖之外曰'高品'……'底茶'叶大质粗，须剁为碎片；'高品'须先一日湿以相当之水分曰'潮茶'，经过一夜，于是再行发酵，成团之后，因水分尚多，又发酵一次，是为第三次之发酵……"

在这里，有必要说说李拂一先生和他所著的《佛海茶业概况》。李拂一先生是研究傣学的著名学者，著有《车里》《十二版纳纪年》

《十二版纳志》《车里宣慰世系考订》《镇越新县志》，译著《泐史》等书。家中亦经营茶庄。《佛海茶业概况》共写了8个方面的内容：一、绪说；二、产区；三、品质；四、制法及包装；五、运输及运费；六、茶叶价格；七、出口数量及税损负担；八、结论。文章建议经济部派遣专家到佛海设厂制茶，以做抗战期间与美方易货之资。文章有很高的史料价值，当时刊载在1939年昆明出版的《教育与科学》杂志第五期上。这一年，李拂一先生的建议被经济部采纳，当局于5月份便派中国茶叶名人范和均率领一批茶叶专家到佛海考察，进而催生了中茶公司佛海茶厂。

范和钧，江苏省常熟人。早年留法勤工俭学，归国后就职于上海商检局。工作期间，深入茶叶产区考察研究，与吴觉农先生合著《中国茶叶问题》一书。1939年创建中茶佛海茶厂。范和钧在《佛海茶业》里写道："概须潮水，使其发酵，生香，且柔软便于揉制。潮时将拣好茶三四篮（约百五十斤）铺地板上，厚以十寸为度，成团者则搓散之，取水三喷壶匀洒叶上，然后用耙用脚，翻转匀拌，又再铺平，洒水拌搅至三次为止。大约每百斤茶用水约三十余斤，潮毕则堆积一隅，使其发酵。皮面易被风干，故须时加以水，曰被单水，水量为一壶半。如为细茶，则所须水量较少。潮工非熟练不能胜任，水量过多，则茶身易于粘袋破烂，且干后收缩，茶身变小不合卖相。过少则揉时伤手，且分量太重，不适包装输运。底茶绝不能潮水，潮水者内起黑霉，曰中心霉，不堪食用。劳资纠纷时，工人时用此法，为报复资方之计。"

谭方之先生在1947年也详细记载了紧茶的制法：初制之法，将鲜叶采回后，支铁锅于场院中，举火至锅微红，每次投茶五六斤于锅中，用竹木棍搅匀和，约十数分钟至二十分钟，叶身皱软，以旧衣或

懂点茶道

破布袋包之，而置诸簟上搓揉，至液汁流出粘腻成条为止，抖散铺晒一二日，干至七八成即可待估。茶叶揉制前，雇汉夷妇女，将茶中枝梗老叶用手工拣出，粗老茶片经剁碎后，用作底茶，捡好之"高品""梭边"，需分别湿以百分之三十水，堆于屋隅，使其发酵，底茶不能潮水，否则揉成晒干后，内部发黑，不堪食用。上蒸前，秤"底茶"（干）三两，"二介""黑条"（潮）亦各三两，先将底茶入铜甑，其次二介，黑条最上，后加商标，再加黑条少许，送甑于蒸锅孔上，锅内盛水，煮达沸点。约甑十秒钟后，将布袋套甑上，倾茶入袋，揉袋振抖二三下，使底茶滑入中心，细茶包于最外，用力捏紧袋腰，自袋底向上，推揉压成心脏形，经半小时，将袋解下，以揉就之茶团堆积楼上，须经四十日，因气候潮湿，更兼黑条二介已受水湿……俗称"发汗"。

综上可见，"改造茶"在前期会有渥堆发酵的过程，在后期也会有一个后发酵过程，它才是真正意义上的"性温""水味红浓而芬香"的传统普洱茶。现在有些人用石磨把熟茶压一下，然后拍个视频告诉你这是最传统工艺制作的最传统的普洱熟茶，这种熟茶是"水味红浓而芬香"的吗？用石磨压出的茶，就是最传统的普洱熟茶了吗？

1973 年，云南省茶叶公司在广交会上了解到，有香港客户需要发过酵的普洱茶，于是组织力量开始攻关普洱茶的后发酵技术。就在这一年，昆明茶厂吴启英小组在没有任何可参考样本和数据的情况下，经过艰难的实验探究，成功研发了现代普洱熟茶"渥堆发酵技术"，使普洱茶的发酵时间由数年缩短到 45 天左右。这项技术的研发成功，改写了云南普洱茶马驮人背、自然发酵、靠时间来转化的传统命运。接着第一个普洱熟茶成熟产品"7581"熟砖诞生。"7581"熟砖是当

之无愧的普洱熟茶之母，它与吴启英的名字将永远书写在云南普洱茶发展的历史上。

在 2000 年以前，我国内陆地区很少有人喝普洱茶。20 世纪 90 年代中期，普洱茶热逐渐从香港传到台湾地区，接着又传回大陆。普洱茶于 2000 年开始登陆广东芳村茶叶市场，一直没有被广泛关注。2005 年，云南策划了一次名为"马帮进京"的普洱茶文化活动，这次活动受到了全国各地媒体和公众的极大关注，成了当年热门的新闻事件之一。普洱茶的发展霎时迅猛起来，随之热遍全国。普洱茶的火爆还有另一个原因，那就是对老茶的炒作。因为当时的市场和广大茶友对普洱了解程度非常浅显。于是这就被一些商家看到了机会，进行"越陈越增值，越老越是宝"的商业化运作，把一种农产品搞成了收藏品，从另一面推动了普洱茶的火爆。

1952 年，云南茶叶研究所的前身佛海茶叶试验站，在云南勐海县南糯山中发现了 3 株野生大茶树，从其中一棵已经枯死的树干年轮推断，它竟然有 800 多年的树龄，人们称之为"茶王树"。南糯山茶王树被专家鉴定为栽培型茶树。1961 年，中国科学院西双版纳植物研究所张顺高先生在云南勐海巴达大黑山考察时，于原始森林中发现了 9 株高大古老的茶树。其中一棵树龄在 1700 年以上，树高 32.12米，胸径 1.03 米，上述发现于 1963 年在《茶叶通讯》上发表了考察报告，这是我国首次公布国内发现的树龄最大的野生大茶树，被冠以"野生型茶树王"称号。1991 年，思茅区茶叶学会理事长何仕华先生等人在澜沧县富东乡邦崴村新寨发现了一株大茶树，树姿直立，分枝密，树高 11.8 米，至今仍被当地茶民采摘利用，但鲜为外界所知。经专家考察论证，认为邦崴大茶树介于野生与栽培之间，树龄在千年左右。邦崴大茶树既有野生大茶树的花果种子形态特征，又具有栽培茶树芽叶枝梢的特点，是原始野生型与栽培型之间的过渡型，属古茶树，可直接利用，命名为"邦崴古茶树"。为了纪念这一发现，国家邮电部门在 1997 年 4 月 8 日发行了《茶》邮票一套 4 枚，第一枚"茶树"就是澜沧邦崴古茶树，面值 50 分。另外 3 枚分别是"茶圣（陆羽）""茶器（法门寺唐代鎏金银茶碾）""茶会（明代文徵明《绘惠山茶会图》）"。

巴达野生大茶树、邦崴古茶树、南糯茶王树，三者形成了从野生型、过渡型到栽培型的完整序列。这些古茶树的发现，意义重大而深远，它们证实了在 1000 年前，西双版纳与普洱市思茅区的人们已经开始对茶树进行驯化种植和采制。那里是古代濮人居住的地区，古代濮人是现在布朗族的先民。布朗族人说茶叶的发明者是他们的老祖先叭岩冷，茶种就是他给人类留下的，是他给茶起了名字"腊"，就是绿叶的意思。叭岩冷临终前给族人留下遗训："我要给你们留下牛马，怕它们遇到灾难死掉；要给你们留下金银财宝，怕你们吃光用光；只给你们留下茶树，让子孙后代世用不尽。"濮人后裔至今保持着爱茶、敬茶、种茶、制茶、饮茶的生产生活方式与文化传统。"普"是"濮"的同音异写，"普洱"即是"濮儿"。可以这样认为，普洱茶名称的来源，是由族名而地名，由地名而茶名。

2008 年 12 月 1 日，新的普洱茶国家标准开始正式实施，此次国家标准对普洱茶进行了严格的定义。普洱茶必须是："以地理标志保护范围内的云南大叶种晒青茶为原料，并在地理标志保护范围内采用特定的加工工艺制成，具有独特品质特征的茶叶。按其加工工艺及品质特征，普洱茶分为普洱茶（生茶）和普洱茶（熟茶）两种类型。按外观形态分普洱茶（熟茶）散茶，普洱茶（生茶、熟茶）紧压茶。普洱茶（熟茶）散茶按品质特征分为特级、一级至十级，共 11 个等级。普洱茶（生茶、熟茶）紧压茶外形有圆饼形、碗臼形，方形、柱形等多种形态和规格。"那么普洱茶地理标志保护范围是指哪些区域呢？按照国家质量监督检验检疫行政主管部门的规定，普洱茶地理标志产品保护范围包括云南省普洱市、西双版纳州、临沧市、昆明市、大理州、保山市、德宏州、楚雄州、红河州、玉溪市、文山州等 11 个州（市），75 个县（市区），639 个乡（镇、街道办事处）现辖行政区域。也就是说，不在地理标志保护限定范围内生产的茶是不能叫作普洱茶的。云南的茶企到地理标志保护范围以外的地区购买茶青，用这些外地原料在云南本地做成的茶也不能叫普洱茶。

根据国家标准，一款合格的普洱茶，它的加工工艺流程是先做好晒青茶，也就是我们平常说的晒青毛茶，然后以其为原料，制作普洱茶（生茶、熟茶）紧压茶、普洱茶（熟茶）散茶。过程是这样的：

1.晒青茶的制作，鲜叶摊放→杀青→揉捻→解块→日光干燥→

包装。

2.普洱茶（生茶）的制作，晒青茶精制→蒸压成型→干燥→包装。

3.普洱茶（熟茶）散茶的制作，晒青茶后发酵→干燥→精制→包装。

4.普洱茶（熟茶）紧压茶的制作，普洱（熟茶）散茶→蒸压成型→干燥→包装。

晒青茶精制→蒸压成型→干燥→后发酵→普洱茶（熟茶）紧压茶→包装。

此处，国标对"后发酵"的定义是这样的："云南大叶种晒青茶或普洱茶（生茶）在特定的环境条件下，经微生物、酶、湿热、氧化等综合作用，其内含物质发生一系列转化，而形成普洱茶（熟茶）独有品质特征的过程。"

云南大叶种茶青经过杀青、揉捻、晒青、蒸压成型、干燥后做成的普洱生茶，也就是咱们平常说的生普，若当下饮用，从本质上来说，还是晒青绿茶。鲜叶杀青后，去除了低沸点的青草味，迅速终止了多酚氧化酶的活性。这里要注意普洱茶鲜叶的杀青问题，很多人说普洱茶的杀青工艺是低温杀青，不排除有低温杀青现象的存在，但这种做法是不对的。如果是低温杀青，在低温杀青下酶的活性没有被灭活，那么一经过揉捻工序，茶叶就会继续氧化而生成绿叶红边，且汤色会轻微红变。所以普洱茶的杀青一定是高温杀青。

新普洱生茶若不直接饮用，而是去保存陈化，那么会有两种情况发生。如果保存得当，具备适当的湿热及微生物滋生、代谢条件，那么在空气中微生物生成的胞外酶会促使茶叶里的氨基酸、糖类、脂类、生物碱等物质在酶促作用、湿热作用条件下发生氧化、聚合、降解、转化等变化。多酚类物质会逐步生成茶黄素和茶红素，之后茶黄素和茶红素二者再氧化聚合形成茶褐素。一定年限后，原来汤色杏黄明亮就变成了汤色红浓。若生普保存不得当，一种情况是，空气中的微生物不活跃，茶叶由于缺少胞外酶的催化作用，多酚类物质的氧化就会直接脱氢氧化，其氧化产物主要是茶褐素，汤色也会红浓。以上两种情形下，通过不同的途径，多酚类物质都氧化生成了茶褐素，但茶最终的饮用品质是有优劣之分的。另一种情况是，生普保存不得当，它就会霉变而不能饮用。千万记住，霉变的茶一定要扔掉，不要犹豫。万事健康第一，没有例外。

熟普是晒青的云南大叶种毛茶通过渥堆，在人工创造的湿热条件下加快原料转化。渥堆过程中，微生物代谢所分泌的胞外酶促使多酚类物质氧化，进而生成茶黄素、茶红素与茶褐素。而氨基酸、糖类、脂类、生物碱等物质通过微生物的酶促作用、水热作用，发生氧化、聚合、降解、转化等变化，鲜、甜、酸、涩、苦味物质此消彼长，造就出了汤色红浓、醇香厚滑的普洱茶熟茶。

市场的复杂，造成了一众爱茶人在选择普洱茶时的迷茫。喝普洱茶，要懂历史、读茶书、辨山头、猜树龄、访深山、走台地、挑茶青、学拼配。实在地讲，茶树资源丰富，山头众多，不是常年深入一线的专家学者，真是分辨不出来的。很多朋友钟情山头、山场，其实大家不要过分关注这些。现在的山头、山场已经成了收割场。要知道，每个茶区都有自己的好茶。不同的茶喝起来虽然有差别，但造成差别的不单是山头、山场的原因，工艺的差别对茶的汤色、香气、滋味以及耐泡程度的影响也很大。茶学前辈李拂一在《佛海茶叶概况》有关茶叶品质一节里就曾说过："就易武，倚邦方面茶商说来，则佛海一带所产之茶为'坝茶'，品质远不如易武、倚邦一带之优良。然

易武乾利贞等茶庄，固尝一再到江外采购南糯山一带所产者羼入制
造。而佛海一带，每年亦有三五千担之散茶运往思茅，经思茅茶商再
制造为'圆茶''紧茶'分销昆明及古宗商人。制者不易辨，恐饮用
者亦不能辨别谁是'山茶'，谁为'坝茶'也。"

　　古树、大树、台地、小树，面对眼花缭乱的普洱茶概念，我们该
怎么选呢？金庸说过一句话，"他强由他强，清风拂山岗；他横任
他横，明月照大江"。好茶是有共性的，要抓住共性，以不变应万
变。我就根据自己的经验来说一下，供大家参考。普洱生茶，茶汤
要干净，杏黄明亮，有香气；杯底有花香或果香；有苦涩感，但能
很快化掉；汤水黏稠，有冰糖甜者为上品。普洱熟茶，汤色红浓明
亮，喝起来口感醇厚、稠滑，有陈香，有甜，即可。

3. 广西六堡槟榔香

广西六堡茶属黑茶类，是我国著名的侨销茶。它产于广西壮族自治区梧州市苍梧县六堡镇，因产地而得名。国标对六堡茶的定义是："六堡茶选用苍梧县群体种、大中叶种及其分离、选育的品种、品系茶树的鲜叶为原料，经杀青、初揉、堆闷、复揉、干燥工艺制成毛茶，再经过筛选、拼配、汽蒸或不汽蒸、渥堆、汽蒸、压制成型或不压制成型、陈化、成品包装等工艺过程加工制成的具有独特品质特征的黑茶。"根据六堡茶的制作工艺和外观形态，分为六堡茶散茶和六堡茶紧压茶。"六堡茶（散茶）是未经压制成型，保持了茶叶条索的自然形状，而且条索互不黏结的六堡茶。六堡茶（紧压茶）是经汽蒸和压制后成型的各种形状的六堡茶，包括竹箩装紧压茶，砖茶、饼茶、沱茶、圆柱茶等，分别以对应等级的六堡茶（散茶）加工而成，或以六堡茶（毛茶）加工而成。"

在诸多茶类里，六堡茶有一种独具特色的香气——槟榔香。1961年，《六堡茶》一书首提槟榔香："如果发酵得好，就能达到成茶黑色有光泽，冲泡后水色红亮，滋润浓厚而醇，且陈味即产生一种特有的似乎槟榔的香气，并达到叶底呈猪肝色的品质要求。"槟榔香的产生，是在制作六堡茶的茶青品种、六堡本地微生物菌群、其独特的洞穴陈化、老杉木库房存放这一整个的制茶与贮藏环节综合作用下形成的香气。但是，不是所有的六堡茶都会转化出槟榔香气，有槟榔香气的六堡茶一定是六堡茶中的上品。

六堡茶产自何时呢？目前我看到的最早的文字资料是清代的《苍梧县志》。清康熙年的《苍梧县志》上记载："茶产多贤乡六堡，味醇隔宿不变，茶色香味俱佳。"同治年间的《苍梧县志》也说："茶产多贤乡六堡，味厚，隔宿不变。"

　　1957 年 6 月出版并由广西壮族自治区供销合作社编印的《茶叶采制方法》上详细描述了当时六堡茶的后发酵工艺："六堡茶原产于苍梧县六堡乡，炒制比较特别，既不是红茶，也不是青茶，是我省特有的特产，所以就以产地定名叫作六堡茶。主要的特点是杀青、揉捻之后，堆放几点钟进行后发酵后，再行干燥……发酵又和制红茶有些相似，但红茶不炒即发酵……六堡茶炒过才发酵，发酵时间相当长……所以，又叫后期发酵茶。""发酵的方法是，把揉好的茶叶解块抖散后，铺在大簸箕或蒎簟上，厚约三四寸，让它自然发酵变化，经过一夜，约六七点钟的工夫，茶叶由青绿色变为青黄色。"由此可见，其时六堡茶后发酵工艺中的初制渥堆技术已经成熟。

　　清初到清中期，广西六堡茶发展得不温不火。晚清，东南亚锡矿的出现推动了六堡茶的蓬勃发展。喜欢追剧的朋友应该看过三部脍炙人口的电视剧《闯关东》《走西口》《下南洋》，它们再现了中国近代史上三次著名的人口迁徙，"下南洋"是其中规模最大的一次。南洋是明、清两代以中国为中心对东南亚一带的称呼。动荡的晚清国力薄弱、民不聊生。19 世纪初，马来西亚发现了蕴藏丰富的锡矿，自此吸引了大批以广东、广西、福建为主的华工涌入南洋谋生。一代又一代的华人到此开山采矿、修房筑路，参与书写了马来西亚发展史。《中国殖民史》里说："马来诸邦之维持，专赖锡矿之税入。……作锡矿之工作者，首推华侨。彼等继续努力之结果，世界用锡之半额，皆由半岛供给。彼等之才能与劳力，造成今日之马来半岛马来政府及其人民，对于此勤奋耐劳守法之华侨之谢意，非言语所可表达。"

　　锡矿里的华人矿工处于社会最底的阶层，从事最艰苦的工作。

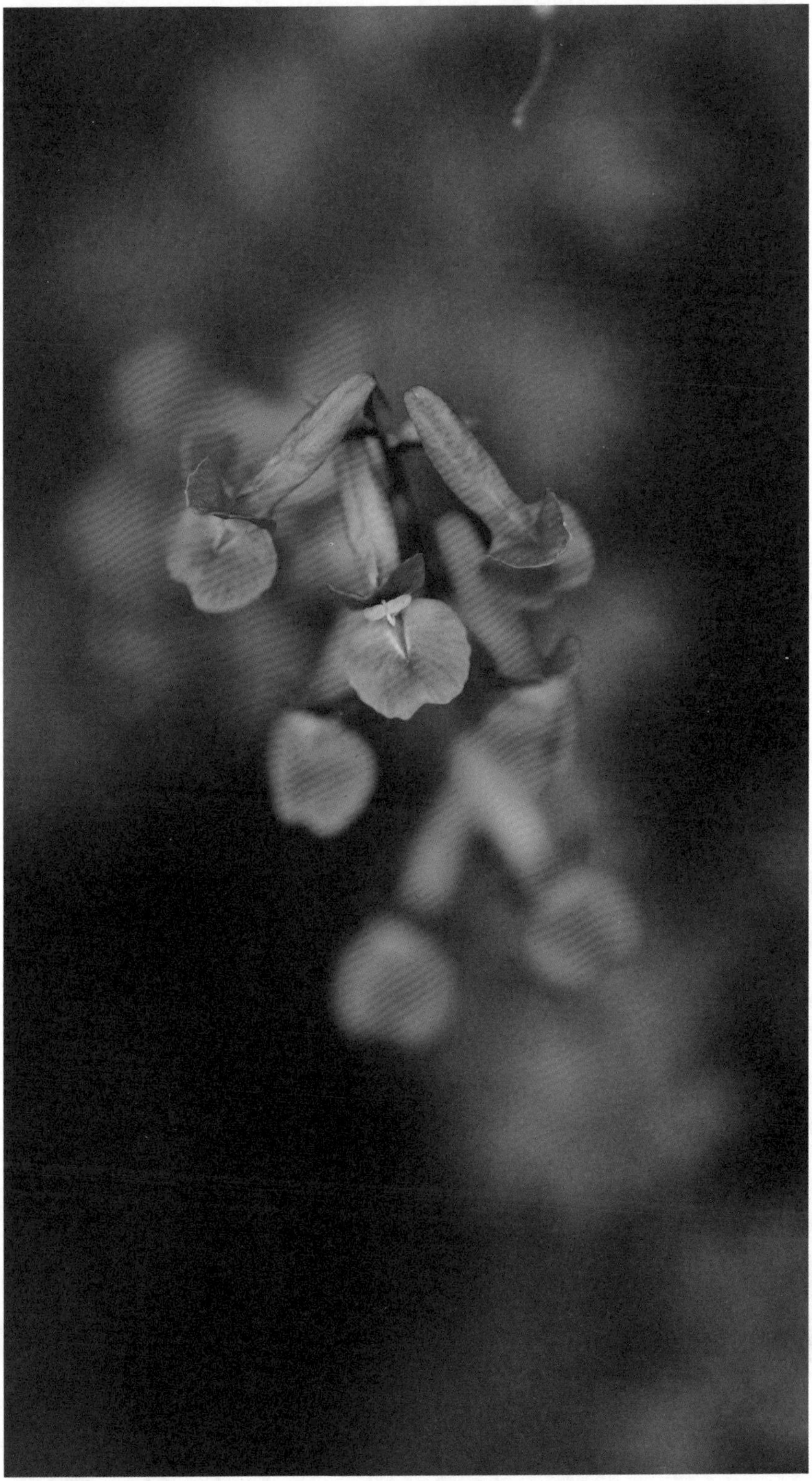

这些华工来自产茶的南方，原本就有喝茶的习惯。南洋暑热潮湿的工作环境使得矿工们需要一种能够清热、化湿、消食的饮品，家乡之茶自然成了他们的不二选择。华工当中来自广西的商人或其亲友带来了家乡的六堡茶，这些从广西六堡出来的被春压后装在竹篓里的初制黑茶，经过内陆水运及几个月时间的漂洋过海一路颠簸前行。在几个月的水路运输中，竹篓里的茶叶吸收了外界环境中的水分，在炙热的温度下，湿热交替，篓中的茶叶自然而然地完成了进一步的渥堆发酵，使得抵达目的地后的六堡茶红浓醇厚、甘甜适口。华工们一喝，比在家乡时的口感还好，粗老茶制成的六堡黑茶功效显著，物美价廉，自然就成了他们饮茶的首选。有数据统计，当时下南洋的华工数达到了 200 万人之多，这是一个多么庞大的消费市场呀！六堡茶大热。每天数以吨计的茶叶从广西六堡镇码头装船，沿河而下，出梧州，进广东，再由广州出口到南洋及世界各地。《广西通志稿》记载："六堡

茶在苍梧，茶叶出产之盛，以多贤乡之六堡及五堡为最，六堡尤为著名，畅销于穗、佛、港、澳等埠。"

值得一提的是，19世纪末英国在殖民地种茶、产茶的成功，虽然重挫了中国茶叶的出口，但销往南洋、港澳的六堡茶却未受影响，直至民国。1937年编著的《广西特产物品志略》里说："在苍梧之最大出品且为特产者，首推六堡茶……每年出口者，产额在60万斤以上，在民国十五、十六年间（1926—1927年），每担估价30元左右……"这种状态基本持续到20世纪70年代，其时南洋锡矿渐渐衰落，矿工大量离开，消费者的锐减，使得六堡茶市场自此低迷。

20世纪初，普洱茶的风行大陆亦带动了黑茶的产销，沉寂多年的六堡茶再次回到消费者视线当中，市场需求回暖。自此，六堡茶老树发芽，枝繁叶茂，重焕青春。恰如清末程远道诗曰："六堡名茶满山冈，止疴去腻有专长，请君泡碗今宵喝，明日犹闻齿颊香。"

4. 羊楼洞里出青砖

武汉三镇，地处长江天堑，九省通衢，开埠既早，商贾云集，清代嘉庆年间叶调元的《汉口竹枝词》就有"此地从来无土著，九分商贾一分民"之语。在湖北还有这么一句话，"先有小汉口，才有大汉口"，大汉口是现在武汉三镇的汉口，那小汉口又是哪里呢？小汉口就是湖北咸宁赤壁市的羊楼洞。

清乾年间的《蒲圻县志》里说："羊楼洞距县六十里，群峰岞崿，众壑奔流。其东有石人泉，其西有莲花洞，洞下有莲花寺，出洞口为港口驿。"蒲圻是赤壁市的古称，三国的时候吴国孙权有："蒲草千里，圻上故垒；莼蒲五月，川谷对鸣。"故取蒲、圻二字置县。

怎么叫了"羊楼洞"这么个名字呢？据传唐代有官员到此地考察民风乡俗，看到其地貌万山如羊，街市楼铺接踵，石人观音洞泉如仙，因而将此处以"羊、楼、洞"三个字命之。1936 年陈启华有《湖北杨楼洞区之茶叶》一文，文章里说："羊楼洞位于湖北蒲圻县南部，四面多山，其形如洞，相传昔有牧者建楼饲羊于此，因而得名。"羊楼洞南为松峰山，北为北山，西南为得胜山，西为马鞍山，由此看其陈文合理有据。

《茶经·八之出》已有咸宁一带产茶的记录："江南，生鄂州、袁州、吉州。"鄂州即相当于现在的湖北长江以南部分、黄石、咸宁地区。五代毛文锡的《茶谱》说："鄂州之东山、蒲圻、唐年县，皆产茶。黑色如韭叶，极软，治头疼。"《宋史·地理志》记载："岳、鄂处江湖之都会……茗诧之饶。"清乾隆《蒲圻县志》记："细民女红自县东南以西崇山峻岭，挖山采葛，树桑培茶。"《湖北通志》记："同治十年（1871 年），重订崇、嘉、蒲、宁、城、山六县各局卡抽派茶厘章程中，列有黑茶及老茶二项。"

老青茶产于湖北赤壁、崇阳、通山一带。羊楼洞是青砖茶诞生之地。青砖茶又叫"洞砖"，属于黑茶类，分面茶和里茶两种。面茶是鲜叶经杀青、揉捻、初晒、复炒、复揉、渥堆、晒干等工艺制成。里茶是鲜叶经杀青、揉捻、渥堆、晒干等工艺制成。制成毛茶后再经筛分、压制、干燥、包装制成青砖成品茶。国家标准对青砖茶的定义是"以老青茶为主要原料，经过蒸汽压制定型、干燥、成品包装等工艺过程制成的青砖茶"，它的特点是"香气纯正，滋味醇和，汤色成红，叶底暗褐"。

据说最早的青砖茶是由明代的"帽盒茶"演变而来。明代，羊楼洞茶商为了减小茶叶包装体积、便于长途运输，就把茶叶拣筛干净，

再蒸汽加热，然后用脚踩制成圆柱形状的"帽盒茶"。遗憾的是，没有找到明代关于"帽盒茶"的文字资料，只是在现代的《茶叶通史》中看到了如下文字："青砖茶压造历史，迄今已有200多年了。最初不叫砖茶，而叫帽盒茶。经人工用脚踩制成椭圆形的茶块，形状与旧时的帽盒一样。每盒重量正料7斤11两至8斤不等，每3盒一串。经营这种茶的山西人，叫盒茶帮。"清中后期有明确的关于"砖茶"的文字资料。如清嘉庆年蒲圻人周顺倜在《莼川竹枝词》中写道："茶乡生计即山农，压作方砖白纸封，别有红笺书小字，西商监制自芙蓉。"清《崇阳县志》记载："今四山俱种茶，山民借以为业。往年山西商人购于蒲圻羊楼洞，延及邑西沙坪，其制采粗叶，入锅火炒，置布袋中，揉成，再粗者，入甑蒸软，取稍细叶洒面，压做砖。竹藏贮之。贩往西北口外，名黑茶。道光季年，岁商麇集，采细叶曝日中，揉之不用火。阴雨则以炭焙干。"从上可以看到，清嘉庆年间羊楼洞已经出现了砖型茶，道光末年已经有了明确的砖茶制作工艺。

　　在近代中国茶叶外销道路中，湖北赤壁羊楼洞至俄国的中俄万里茶道是比较有名的。当时茶叶从羊楼洞运到新店装船，出江至东北方的汉口，进襄阳，自襄阳车载马驮入河南、越黄河、走晋城、奔太原、抵大同，最后到达塞外名城、张库大道起点、2022 年冬奥会举办地张家口；或从羊楼洞运至汉口后，取水路经上海、天津，再转陆路运到张家口。另外一条从山西北部入内蒙古，再穿越草原、荒漠，进入俄国。

　　茶叶巨大的利润吸引了来自各路的商人，自清至民国先后有俄、英等外商和晋商、粤商等国内茶商接踵而至，他们在羊楼洞设立工厂或茶庄。鼎盛时的羊楼洞有茶庄 200 多家，人口近 4 万，不到一平方公里的羊楼洞人流涌动，各业昌隆，故有"小汉口"之称。1917 年一声炮响，俄国发生了十月革命，其后茶叶贸易国有，至此运往俄国的茶叶受阻。后来日寇侵华，火烧羊楼洞，茶事愈落。有机会到羊楼洞游览的朋友可以走走宽不至 3 米的古街，看看街上被昔日运茶的独轮车在青石板上压出的条条车辙，只有它们在还在默默诉说着古镇昔日的繁华。

　　"万嶂入羊楼，双溪绕凤丘。天开珠洞晓，月旁石潭秋。翠入梧桐秀，香来蕙草幽。登临一长啸，日夕紫烟浮。"羊楼洞有明代廖道南笔下的美，也有着茶事的百年辉煌。期待古镇重焕生机，让羊楼洞青砖茶再次走出国门，走向世界，重塑"小汉口"之辉煌。

5. 安化黑茶独严冷

　　安化，属湖南省，位于资水中游，湘中偏北，雪峰山北段，东与桃江、宁乡接壤，西与溆浦、沅陵交界，南与涟源、新化毗邻，北与

常德、桃源相连。安化古称"梅山"，是梅山文化的发祥地。宋神宗
熙宁五年（1072年）置县。

安化是湖南有名的茶叶生产大县，此地很早就产茶了。最早的文
字记载可见唐代杨晔的《膳夫经手录》："潭州茶、阳团茶（粗恶），
渠江薄片茶（由油苦硬）……"五代十国时期毛文锡写的《茶谱》也
有"渠州，渠江薄片，一斤八十枚""潭、邵之间有渠江，中有茶，
而多毒蛇猛兽。乡人每年采撷不过十六七斤。其色如铁，而芳香异
常，烹之无滓也"之语。

1972年，湖南长沙马王堆西汉墓，在下葬时间不晚于公元前168
年的辛追墓中出土了一箱竹篾包装的黑米状的小颗粒。经显微镜切片
确认，黑米状的小颗粒是茶，墓葬中刻有"一笥"的竹简，意为"一
箱茶"。大家知道，茶分六类，白茶、绿茶、黄茶、青茶、红茶、黑
茶，那辛追喝的是哪种茶呢？很多人认为马王堆汉墓出土的茶就是安
化早期渠江薄片，属于黑茶。我们断定文物都应该以现存的文字资料
结合实物来做确定，如果只是根据传说或主观臆断是站不住脚的。

从文字资料来看，唐以前都应是原始白茶。之前在聊白茶的时候
我们说过一个时间节点，最早的明确记载茶叶蒸青制法的绿茶是在唐
代出现的。唐代孟诜写了一本关于食疗方面的书，叫《食疗本草》，
约成书于唐开元年间。孟诜在书里写道："又茶主下气，除好睡，消
宿食，茶，当日成者良。蒸、捣经宿，用陈故者，即动风发气。"这
是目前能看到的最早的有关蒸青绿茶制法记录。《茶经·三之造》也
说："晴采之，蒸之、捣之、拍之、焙之、穿之、封之，茶之干矣。"
所以在唐之前的散茶或饼茶属于白茶之态，而无蒸青绿茶。另外有一
种说法，在秦汉以前的巴蜀地区可能已经出现了原始炒青或蒸青绿
茶，但由于地理位置闭塞或其他原因未能推而广之。这仅仅是一种可

能。所以我认为辛追喝的应该是白茶。

我们思考一个问题，在 2000 多年前的长沙，如果上层社会的贵族已经开始喝黑茶了，那么一定会在当时的社会上去推广生产的，那么它也必然会留下文字资料，可是现在我们看到的文字资料对黑茶的指向与描述都是从明朝开始的。另外，一种茶都存了 2000 多年了，被氧化得不成样子了，怎么能断定它是黑茶？

时下有很多人把渠江薄片称作安化最早生产的黑茶，依据是五代十国时期毛文锡写的《茶谱》中有"渠江薄片，一斤八十枚"和"其色如铁，而芳香异常，烹之无滓也"的描述。综上推断，毛文锡时的渠江薄片应该是一种蒸青紧压饼茶，这才能与历史上文献记载的茶叶加工方法相符。有压制过茶叶经验的朋友应该知道，用原料嫩的茶叶压制的紧压茶颜色就会有呈现黑色的现象，绿茶饼"其色如铁"是完全可能的。陆羽在《茶经·三之造》里明确说到了绿茶饼是有黑色

的，其言"或以光黑平正言嘉者""宿制者则黑，日成者则黄"。另外，"芳香异常"也不对，经过后发酵的安化黑茶不可能有"芳香异常"的味道。

"黑茶"一词的出现是在明朝。前文我们已经介绍了安化黑茶的来历，以及当时风靡的茶马交易。自陈讲奏疏61年后，根据《明史·食货志》载："神宗万历十三年（1585年），中茶易马惟汉中保宁，而湖南产茶值贱，商人率越境私采。"可见贩运私茶的事就一直没消停过，万历二十三年（1595年），有名的"安化黑茶御史之争"让安化黑茶正名出头。当时的御史李楠奏上请禁湖茶，李楠说："湖茶行，茶法、马政两弊……且宜令巡茶御史召商给引，原报汉、兴、保、夔者，准中。越境下湖南者，禁止。"御史徐侨持不同意见，上奏称："汉川茶少而值高，湖南茶多而值下，湖茶之行，无妨汉中。汉茶味甘而薄，湖茶味苦，于酥酪为宜，亦利番也。但宜立法严核，以遏假茶。""户部折中其议，以汉茶为主，湖茶佐之。各商中引，先给汉、川毕，乃给湖南。如汉引不足则补以湖引，报可。"自此安化黑茶被户部正式定为运往西北地区之官茶，陕、甘、宁、晋等地区的茶商购领茶引，名正言顺至安化采购黑茶。虽然是"汉茶为主，湖茶佐之"的身份，但安化黑茶却喧宾夺主，成为行销西北陕、甘、青、新疆、宁夏等少数民族地区最大的边销茶。就这样，边疆的酥酪热奶"明媒正娶"到了厚重醇和的安化黑茶，自此相守，难以离舍。

在明朝，有关茶叶立法可分贡、官、商三类。贡茶，上用也；官茶，储边易马；商茶，给引征课。贡茶，用的是芽茶，自明洪武二十四年（1391年）已由安化岁贡。官、商茶为粗茶。明代对私茶入番的立法非常严格，洪武初年已规定："令商人于产茶地买茶，纳钱请引……别置由贴给之。无由、引及茶引相离者……称较茶引不相

当，即为私茶。凡犯私茶者与私盐同罪。私茶出境、与关隘不稽者，立论死。"可见明代茶法之严，不但贩运私茶出境者死，连守备关口渎职者亦死。这也反映出其时走私茶叶可产生巨大的利润。

那么安化黑茶凭空出世横扫汉、川茶的原因是什么呢？很简单，就落在一个"利"字上。记得马克思说过那么句话，大意是："当利润达到10%时，便有人蠢蠢欲动；当利润达到50%的时候，有人敢于铤而走险；当利润达到100%时，他们敢于践踏人间一切法律；而当利润达到300%时，甚至连上绞刑架都毫不畏惧。"

《安化县志》对安化茶叶资源的描述是"山崖水畔，不种自生"，"崖谷间生殖无几，唯茶甲诸州县。不仅茶多，且质优"。在巨大的利益诱惑下，对市场信息嗅觉敏锐的山西茶商把脑袋往裤腰带

洞市老街通往鹞子尖的茶马古道

上一拨，翻山越岭跑到安化来，与占有得天独厚产地优势的聪明的安化人一拍即合，开始仿制四川乌茶。这是真正意义上人为主动探索黑茶类发酵、制作技术的开端，且在安化获得成功。于是，大批的廉价安化黑茶开始从这里私运，出湘入川，冒充川、汉一带的茶销往边疆以牟暴利。我们如果去安化旅游，可以到江南镇中洞村黄花溪与新化县沿溪交汇处的古迹缘奇桥看看，这里就是当年山西茶商由四川越境走私茶叶所走辰酉古道的必经之所。他们当时将来安化叫作"进山"，进山后，就住在资江沿岸的江南、边江、小淹东坪、酉州、黄沙坪一带。明朝林之兰辑录的《明禁碑录》把晋商叫作川商，就是因为晋商把四川作为安化茶叶运输的中转站。晋商从四川越境湖南，私贩安化黑茶，一条路沿安化船载入资水，经益阳，进洞庭湖，过长江，到达湖北荆州卸船，就地加工黑毛茶，然后再由此走陆路入四川。一条路走辰酉古道，经洞市、鹞子尖、新化、怀化辰溪、由酉阳进入四川。

就当时来说，走私安化黑茶利润有多大？安化黑茶相比汉、川官茶又有多么招人待见呢？我们看看历史上由安化黑茶引发的两件事就知道了。

明太祖朱元璋有个女儿叫安庆公主，是朱元璋与马皇后所生。欧阳伦，进士出身，娶安庆公主为妻，官至都尉。曾"奉使至川、陕"，其时"数遣私人贩茶出境"，从中牟取暴利。沿途官员惧其势力，都装聋作哑，没有敢过问的。也算这位驸马爷倒霉，偏就遇到了一位刚正不阿的官员。有一次欧阳伦私贩数十车安化黑茶出境，被这位耿直的巡检官吏阻行，欧阳伦气急败坏，竟然动手将巡检官吏狠狠地打了一顿。吏不堪其辱，向朝廷报告。朱元璋大怒，将欧阳伦赐死。明太祖洪武年间，120斤茶叶可换一匹上等好马。明万历年间，上等好马一匹换茶三十篦，中等二十，下等十五。可见明代贩运安化私茶的利润之高，连锦衣玉食的当朝驸马都不惜铤而走险。

在那时候，少数民族贵族饮用的茶叶主要由明政府拨赐。《明会典·茶课》上记载过这么一件事："弘治三年（1490 年）……令今后进贡蕃僧该赏食茶……不许于湖广等处收买私茶，违者尽数入官。"相比汉、川一带的茶，安化黑茶滋味醇和厚重，竟然让西藏喇嘛朝贡回藏时，不用朝廷拨赐的四川乌茶，专门跑到湖广去非法收购湖南安化黑茶。安化黑茶的美味可窥一斑。

说安化黑茶，很有必要提一个人。陶澍，字子霖，湖南安化县小淹镇人。清嘉庆年进士，经世派代表人物，官至两江总督。陶澍律己甚严，奉公为廉，曾写下座右铭"要半文不值半文，莫道人无知者；办一事须了一事，如此心乃安然"。才女张爱玲的祖父张佩纶称其为"黄河之昆仑，大江之岷山"，敬仰之情溢于文字。

我们来看看其时的陶澍有多了得。林则徐，虎门销烟的民族英雄。陶澍在任两江总督时，提拔林则徐为江宁布政使、江苏巡抚，其后亲向道光帝举荐林则徐继任两江总督，称他"才长心细，识力十倍于臣"。贺长龄，长沙岳麓书院讲习，他撰写的《遵义府志》被梁启超推为"天下府志第一"，官至云贵总督，曾是陶澍的下属；胡林翼，晚清重臣，湘军首领之一，陶澍的女婿；还有一位大名鼎鼎的左季高即左宗棠，他和曾国藩、李鸿章、张之洞并称"晚清中兴四大名臣"，是陶澍的塾师，后来两人结为亲家。胡林毅和左宗棠同岁，一个是陶澍的亲家，一个是陶澍的女婿。《清史稿》称陶澍"用人能尽其长"，由此可窥一斑。

陶澍和左宗棠的相识颇具传奇色彩，值得一表。左宗棠家境清贫，但心高志远。道光十六年（1836年），时任两江总督的陶澍回乡省亲，途经醴陵，在县驿看到了一副对联，上联写：春殿语从容，廿载家山印心石在；下联配：大江流日夜，八州子弟翘首公归。这副对联出自正在醴陵绿江书院做讲师的时年25岁的左宗棠之手。陶澍一看，大悦，"即询访姓名，敦迫延见，目为奇才。纵论古今，至于达旦，竟订忘年之交"。一副楹联，改变了左宗棠一生的命运。陶澍去世前托孤左宗棠，聘其给7岁的儿子陶桄当家庭教师。于是左宗棠来到安化小淹镇，在陶家一住就是8年。陶家藏书极丰，教书之余，左宗棠潜心学习。"吾在此所最快意者，以第中藏书致富，因得饱读国朝宪章掌故有用之书……"这封写给其夫人周诒端的信恰如其分地反映了左宗棠当时的生活状态。知识就是力量，这8年的学习也为左宗棠其后居官、镇压太平军、兴办洋务、平定陕甘回民起义、收复新疆、督师抗法的事业打下了坚实基础，左宗棠也因此终成一代名臣。

左宗棠居住的小淹镇是当时安化采购黑茶的中心，耳闻目染让左宗棠对茶与茶行贸易有了细致、深入地了解。同治十三年（1874年），左宗棠在《答潭文卿》的信里说："三十年前馆小淹陶文毅里第，即山、陕茶商聚积之所，当时曾留心考究，知安化凤称产茶，而小淹前后百余里所产为佳亦最多……山、陕商贩不能办真茶，即高价所采亦多是粗叶，亦搀有杂草，但得真茶七八分，即称上品。到新芽初出，如谷雨前摘者，即小淹亦难得。每斤黑茶，至贱亦非二三百文不可得也。近时海口畅销红茶，红茶不能搀草，又必新出嫩芽，始能踩成条索，其价实较行销西北之茶贵可数倍。此次湖茶之图畅销西北，盖以头茶、二茶，新嫩阳芽均销海口。而三茶及剪园茶无可销之路，不若仍作黑茶，可以获利也。除安化茶不计外，湖南北、江西之茶何可胜纪？如果黑茶销路通畅，即头、二番新茶亦必有改作黑茶者，即安化现作红茶出售者亦将渐改黑茶。"后来左宗棠担任陕甘总督，正是源其此番经历方能"以票代引"整顿西北茶务，鼓励茶商贩运安化黑茶，极大地推动了安化黑茶的复兴与发展。

作为土生土长的安化人，陶澍是喝着家乡茶走出安化居官四外的，因此对家乡常怀眷恋，对故土之茶情有独钟。居官后也不忘对家乡茶的扶持与推广。陶澍曾为鹞子尖茶亭捐修屋钱四千文，后又为茶亭捐田四契且题"路入青云"四字。他曾把上品安化黑茶带给道光皇帝，道光饮后龙颜大悦，安化"天尖茶"自此扬名。陶澍善诗文，林则徐赞其："即论文字亦千秋，大集觥觥入选楼。直以雄才凌屈宁，还将余事压曹刘。"陶澍的一些茶诗，为后人留下了不少珍贵的关于安化黑茶文字资料。在京师，陶澍组织了"消寒诗社"，品茗咏诗互为唱和，宣传家乡茶品。陶澍作《印心石屋试安化茶成诗四首》，这四首诗描述了安化茶的边销源出、品质特点、采摘时令，以及当时茶农生活。尤其一句"谁知盘中芽，多有肩上血"，区区十字，浸满了陶澍对家乡茶人的知恤、体贴与关爱，堪称中国茶诗之绝唱，大可比肩唐代李绅脍炙人口的"谁知盘中餐，粒粒皆辛苦"。

诗句录下，茶友一观：

芙蓉插霞标，香炉渺云阙。

自我来京华，久与此山别。

尚忆茶始犁，时维六七月。

山民历悬崖，挥汗走巉蘖。

培根阅冬初，摘叶及春发。

冻雷一夜鸣，蓓蕾颖欲脱。

是名雨前香，采之日一撮。

未几渐蒙茸，卓立针抽铁。

是名谷雨尖，香气弥勃勃。

毛尖如鹤氅，挨尖类雀舌。

黄茶号晚出，味厚亦非劣。

方其摘取时，监筐偏山岊。

晨穿苦雾深，晚焙新火烈。

茶成与商人，粗者留自啜。

谁知盘中芽，多有肩上血。

我本山中人，言之遂凄切。

安化黑茶，起源于敷溪镇资江北岸的苞芷园。传统的安化黑茶，是以当地大、中叶群体种作为原料，现在多见的楮叶齐品种是 20 世纪 60 年代从云台山大叶种中选育而来的优良品种。"茶品喜轻新，安茶独严冷。古光郁深黑，入口殊生梗""斯由地气殊，匪籍人工巧"，清代名臣陶澍的这几句诗文即是安化黑茶品质特点的准确写照。

"山崖水畔，不种自生"的安化黑茶叫作"道地茶"，彭先泽先生的《安化黑茶》对此有详细说明："道地茶，即安化境内所产之本地茶……资水南岸产量既多，品质亦优，而尤以濂溪乡之思贤溪，西迤至辰酉乡之辰溪一带，如思贤溪内之火烧洞，竹林溪内之条鱼洞，大酉溪内之漂水洞、檀香洞，黄沙溪内之深水洞，竹坪溪内之仙缸洞，皆为南岸有名之黑茶产区，俗有'六洞茶'之称。此六洞又以条

鱼洞所产为各洞冠。"条鱼洞就在现今竹林溪流域的洞市乡，和有名的洞市老街离得不远。洞市茶山众多，植被茂盛，荒山野岭上的野生茶树多分布在海拔高的山林间，采摘难度大，但品质极好。洞市传统的七星灶焙茶尤有特色，过去茶商收购安化黑茶，有"见洞市茶涨一级""洞市娘子货，见茶涨一等"的说法。洞市茶是安化黑茶中的明珠，它有松烟香、甘蔗甜、薄荷凉的特点，亦有樟木之香，广受茶友追捧。

彭先泽先生也推崇安化高山茶，他说："品质亦特佳，俗称'高山茶'也，如资水南北之辰山、芙蓉山、台甲山、高家溪、马家溪、蔡家山、巫云界、楠竹园、插花岭、马头门、香炉山、云雾山、牯牛山、湖南坡一带所产，叶狭面长，宛如柳叶，故有'竹叶茶'之称，叶片嫩者薄，老者厚，呈乌油色，梗黄，水色枣红，每碗泡水四五次，犹不减色，本年采制者，水常浊而涩苦，贮囤一年以上者，味甘而水清。"

现今安化黑茶的主要品种有"三砖、三尖、一卷"，即黑砖茶、茯砖茶、花砖茶、天尖、贡尖、生尖、花卷茶。

黑砖茶。1939年湖南省茶叶管理处为了改变安化黑茶袋、篓装茶之运输不便的情况，便于远销西北、出口苏联，就委派彭先泽去安化建厂，研制砖茶。彭先泽是湖南省安化县小淹沙湾人，毕业于日本九州帝国大学，后从事水稻及茶叶研究。他的父亲彭国钧老先生即是中国最早的茶叶学校 "湖南茶叶讲习所"的创办者。彭先泽著有《安化黑茶》《安化黑茶砖》《茶叶概论》《鄂南茶业》《西北万里行》等书。他是中国黑茶系统理论研究第一人，安化黑茶里程碑般的人物，被后人誉为"中国黑茶理论之父"。

彭先泽到安化后，经过实地考察，租赁了位于江南坪的德和庆记

茶行作为工厂，并于 1940 年压制出了中国的第一块黑砖茶。当时的贸易委员会对黑砖的评价是"样茶色味俱佳，速洽茶商，集资建厂，大量压制"。新中国成立后，工厂又迁到安化小淹的白沙溪口，成立了白沙溪茶厂。1953 年，湖南的白沙溪茶厂又创造了一个奇迹，他们打破了数百年以来只能在陕西泾阳加工茯砖茶的神话，做出了湖南第一块茯砖茶，打破了"没有泾阳水不行，资江水不能发花"的谬论。

泾阳，位于陕西省中部，"八百里秦川"腹地，是我国大地原点所在地。泾阳不产茶，历史上安化的黑毛茶被装在大竹篾包里沿水路由南向北运到泾阳，在那儿卸船，走陆路继续向西北前进。其时，茶叶在人背马驮下，要经过平原、山地、丘陵、戈壁，客观上就要求减小茶叶包装体积，便于陆路运输。于是聪明的茶商和善于脱坯打瓦的泾阳人想出了一个好办法，把散茶就地压制成了砖茶，这样不但减小了体积还使得单位体积内重量得以增加。沿水路而来的湖南安化粗老茶本身含水率就高，在泾阳压砖后的陆路运输中，北方气候干燥，砖茶内部湿，外面干，通氧量适宜。在这样的条件下，空气中的冠突散囊菌在黑砖茶内部就开始斑斑点点地生长繁殖起来，形成了黄色的冠突散囊菌群。这就是过去人们说的"自古岭北不出茶，唯有泾阳出砖茶""茶不到泾阳不发花的"的根本原因。所以，金花不神秘，无非就是一个在适宜的温度、湿度、通氧量条件下产生出来的菌类。它是一种强势菌，因为有这种强势菌的存在，抑制了粗老茶叶内部的其他有害细菌的生长。此外，冠突散囊菌群在产生、生长的过程中从茶叶中获取营养物质，又通过自身代谢产生多种酶类促进茶叶的氧化水解，自然而然地参与了黑茶的后发酵，一定程度上影响了黑茶的口感滋味与品质。金花在六堡茶上亦有，普洱茶中则很少见，这应该与云南海拔、气候、光照及普洱茶饼体积扁薄有一定的关系。

1958 年，白沙溪茶厂基于生产花卷茶费工费力、季节性强、生产效率不高的原因，就把花卷茶改制，用其原料压制茶砖，因砖面周边压有花纹，故而称其为花砖茶。

天尖、贡尖、生尖均以湘尖茶传统加工工艺制成，区别是所用原料等级不同。天尖以特、一级安化黑毛茶为主要原料制作；贡尖，以二级安化黑毛茶为主要原料制作；生尖以三级安化黑毛茶为主要原料制作。

安化黑茶中我尤其喜欢千两茶。千两茶是花卷茶形制之一，是极具特色的黑茶紧压茶。它是一个传统产品，沿自清道光年间安化江南一带出现的"百两茶"。百两茶呈小圆柱形，又名"筒子茶"，一筒茶的净重合老秤 100 两，是最早出现的花卷茶。清同治年间，进一步改进生产、运输效率，山西茶商"三和茶号"与江南边江裕盛泉茶行的刘家合作，在百两茶的基础上把原料增重到 1000 两，用竹篾篓、

蓼叶、棕片盛放茶叶压制成大号花卷茶，千两茶始现。

千两茶的制作工艺是国家非物质文化遗产，完全人工为之，极繁复。茶青的采摘、原料的选择、制茶的时间、踩捆制作、搁置晾晒等各个环节都有严格要求，说它是世界上制作工艺最复杂的茶也不为过。新中国成立后，最早一批千两茶于1952—1958年由白沙溪茶厂生产的。后来基于千两茶季节性强、操作繁复、运输不便的原因，于1958年停产，改为压制花砖茶。到了1983年，白沙溪茶厂担心千两茶的生产技术失传，费尽周折聘回懂得生产工艺的老师傅，在老师傅的传帮带下生产了300多支千两茶即又中断。1997年才正式恢复了传统千两花卷茶的生产。千两茶的复生可谓一波三折。

千两茶的基本工艺流程是，把制作好的黑毛茶原料称重、汽蒸、装篓、踩压成形、干燥。它在生产环节上有两个独具特色的技术，一是七星灶干燥工艺，二是千两茶的踩捆成形工艺。

七星灶工艺是聪明睿智的安化茶人创造出来的一种独特的黑毛茶干燥技术。大家知道，天上的北斗七星由天枢、天璇、天玑、天权、玉衡、开阳、摇光七颗星星组成，其形如斗。天枢、天璇、天玑、天权是斗身；玉衡、开阳、摇光是斗柄。古人仰望夜空，观察到北斗七星每年会绕着北极星转一圈，当斗柄向东，天下皆春；斗柄向南，天下皆夏；向西为秋，向北为冬。古人迷信，他们认为北斗七星具有协天时、掌万物的力量，而做茶，应循天道。于是安化茶人依据自己对北斗七星的认知，发明了用于干燥茶叶的七星灶。安化的七星灶，用松柴明火供热，进气一口，灶内出气有数口，直达干燥池内。通过七星灶工艺制出的上好黑茶，茶汤入口醇厚悠长，滋味清凉、如吮薄荷，具有独特的松烟香，让人叹服。

作为国家非物质文化遗产的安化千两茶踩捆成形工艺更是独特。

它把茶叶的包装与制作两项工作同时进行，一气呵成。首先，将品质上好的地道黑毛茶称好分量，上灶蒸软，倒入内衬蓼叶、棕片的圆柱形篾篓里，捣实。然后平置于地面，接着由多名孔武有力的精壮大汉上场，一人领衔，他有节奏地喊着"嘿、嘿、嘿"的劳动号子，在号子声中带领其他人一边用木杠施压于茶柱，一边把一根根竹篾条依次捆在茶柱篾篓外表并勒紧。边勒边用脚滚动茶柱踩实，数次重复后，茶柱逐渐由粗变细，直至紧实。千两的踩制极富特点，既是生产过程，也不失为一种阳刚的舞蹈，感兴趣的朋友可以在制茶季到安化一观。成型后的千两茶，状如树干，敦实质朴。其后再将压制好的茶柱置于晾架之上，放在空气清新的安化深山，日晒夜露七七四十九天方成。

何为日晒夜露？安化的深山，白天，山中阳光明媚，空气相对

干燥，和暖的日光照射在茶柱上，使得茶叶得到充分的干燥；夜晚，山中空气的含水量增大，水分浸入，茶又自干转湿。如此反复交替，促使千两茶在大自然抚育下逐步发酵，茶的内含物质日益转化，臻于成熟。由此可见，安化千两茶是真正意义上的在大自然中发酵的黑茶。

2016 年，我第五次来到阔别经年的安化，一是去拜访老友，顺带考察几年来安化茶园的变化，二是取回我在那里存放多年的高马二溪野生茶青压制的千两黑茶。我将其带回北京后跟一众茶友分享，茶汤醇厚，清凉甘甜，药香扑鼻，大家都赞不绝口，一抢而光，当时真是颠覆了很多朋友对黑茶的认知。这也直接使得我其后数年接连用高马二溪的野生好料压制了高品质的黑砖茶——黑大妞。"大妞"有着独特的松烟香，甘蔗甜，如吮薄荷般的清凉口感。首次做好后拿出来请

人一尝，又是一片啧啧称赞。现在的市场上，千两茶已是百花齐放让人目不暇接。如何挑选？记住，有诸内才能形于外，好的千两茶最终还是要靠茶的生态、内质、制作工艺来呈现的。尤其这种适合存放的黑茶类，只有上述三者的完美结合方能使其经得住岁月之考验。

那次安化之行让我激动且不能忘怀的是，在朋友的深山茶园中意外遇到了一位茶界前辈，一位让我仰慕已久、十分尊崇的长者，于我来说是灯塔般的存在。为了考察野生茶树，我们一行四人驾驶越野车在紧邻悬崖绝壁的碎石小路上颠簸翻越了两座险山，至无路的野山下车，开始徒步攀山。突然，风急云卷，雾满山岚，雨下来了，无处躲藏。前辈说："打伞，走，继续前进。"伞下的前辈在山岭间稳健前行，脚下生风，不落人半步，实令我等佩服。

这样，我们又在雨里攀过两座高山。峡谷幽深，清溪潺潺，四个人打着伞行进在雨中苍翠的林间，遍赏了开满山坡的缤纷野花。被雨水淋打的花和路边青竹伸出来的叶片不停地向我们点头，像是在欢迎远道而来的客人，惬意畅快。转入山坳，领略了难得一见的丰水期奇绝的八仙瀑布。洁白的瀑水喷涌而下，落入一泓碧潭，潭映树影，雨打心弦，山路崎岖，似水流年，有雨趣而无淋漓之感。

考察完毕，在深山原住民朋友的家中用餐。其间我们探讨了云台山大叶种、野生菜茶及选育品种的诸多话题。跟之前接触、学习过的一些师长不同，这位茶学前辈解答我疑惑时的言语，像极了外科大夫握着的手术刀，刃上闪着耀眼的锋芒，这些锋芒，直劈痛点，让人畅快。向前辈询问对安化黑茶的意见，老人手捻银髯语重心长地说："中国的好茶在安化呀，看看这青山，瞅瞅这涧水，瞧瞧那野花，千两茶就是在这样的大自然怀抱下孕育出来的。千两茶，中国的好黑茶！你们这帮娃这么爱茶，千万别把这好东西丢下，要把它发扬光大。"

为学莫重于尊师。知者解惑，习者有获。向前辈请教习茶及对时下茶界乱象的看法，"给人以乐（yuè），三生有幸；给人以乐（lè），其乐融融。不是讲几堂课就高尚了，也不是出本书就能永存了，把自己投进历史当中，人才能永存。有麝自然香，无须大风扬。高雅不是装出来的！""您看"，老人冲前一指，顺着他的手我扭头看，西边山坡上立着几株欣欣的向日葵，"要学它们，做一个积极吸收正能量的人，哪儿有阳光就往哪儿转。一个习茶的人，只要心里充满了阳光，人生即便下雨，也会变成春雨。习茶要有耐心，要有恒心，刻意去找的东西，往往是找不到的。天下万物的来和去，自有它的时间。"寥寥数语，深奥的道理瞬间明易。

是日，热情的主人于山中留宿。我们住的是依势搭建的悬在半山的木屋。屋子对面三里处是一座笔架山。天晴气爽，极适山顶观月，我决定晚饭后攀笔架山赏月。农家晚饭吃得早，六点前用毕。饭后稍事休息，出发。临顶，竟已有人先至，背对我，负手立于一青石台，夜风过身，衣角飒摆。是前辈。我有点激动，没敢打扰。皓月于空，银光漫撒，山顶孤寂清冷，前辈正仰头凝月。一刹那，想起了黄易写的《覆雨翻云》中的浪翻云，"当众人眼光移往峰顶时，在明月当头的美景中，一幅令他们终生休想有片刻能忘掉的图像展呈在壮阔的视野中。浪翻云背负着名震天下的覆雨剑，傲立在峰顶一块虚悬而出的巨岩尽端处，正闲逸地仰首凝视着天上的明月。"有思想的人都很寂寞，只能独与天地精神往来。

"来了？"前辈回头冲我莞尔一笑，"来了。跟您想到一块儿去了，就想到顶上来看看月亮，难得的好天气。"我边笑答边迈步跨了上去。"是啊，今晚的月色真美，我们都好有福气。看，多棒的茶山，多好的生态，不把千两茶做好，你我都对不住大自然的这

份恩赐呀，努力吧！"我点头称是。"前辈，方便留个联系方式给我吗？我于茶学尚浅，得空时想跟您请教。""这个太没问题了。"前辈爽快地答道，"下山，我写个给您。""太感谢了。""感谢什么，相遇，缘分使然。不谈亏欠，不负遇见，即可。"其时月朗星稀，山顶石台如积水空明。松柏投影于地，似交横在水中的藻荇，参差错落。真是应了苏子瞻"何夜无月，何处无竹柏？但少闲人如吾两人者耳"之语。

说实在的，就是此时北京家中，笔尖在纸上划动，一行行记述着这件事情，依旧让我激动不已。真的按捺不住那种激动，都不由自主地从椅子上站起来，在屋子里来回地踱步。我福匪浅。

千两茶，它是在大自然中真正通过日晒夜露、湿热交替呼吸作用发酵出来的黑茶。从这个意义上讲，后发酵的黑茶的光大必然会落在千两茶的身上。这是自然与历史的选择。在这里我真心地想说一句话，希望茶农朋友和茶叶的制造商，多做好茶、良心茶，把千两茶发扬光大。这样实际是双赢，自己的生意也会得益于此。安化茶，"山崖水畔，不种自生"，多厚重的茶历史，多好的山场生态，万不可负了生养自己的绿水青山。

文稿写毕，掩卷，本想长出一口气，但总觉得还落下点什么，冥冥中尚有未吐不快的感觉。细细品味，想起来了，落下一个喝茶人常常挂在嘴边的话题"禅茶一味"。

"禅茶一味"这个词听起来有点形而上，有点没边际。就以一个站在禅门之外的人来聊聊自己对它的理解，权当抛出一块砖吧。说"禅茶一味"离不开禅和茶，茶咱们在前面大篇幅地谈过了，那就剩下禅了。说禅脱离不了佛教，而佛教讲的是人生问题。既然是人生问题，"风物长宜放眼量"，还是从有了人类的那一天聊起吧。

一粒微尘，历过茫茫宇宙的契合而降在了地球。不管是从哪里来，你还是来了，你的到来注定了你这个个体先天的孤独。

有研究认为人类起源于6万多年前，当时人类祖先带着生物界无与伦比的语言系统从非洲走出，渐次踏遍这个蓝色星球的大陆去寻找适宜的居所。为了生存，他们密切配合，协同作战，一路斩杀，灭绝了地球上与之敌对的绝大多数物种，即便猛犸象、剑齿虎那般凶猛的动物在这些矮小的智人面前也休想躲过这灭顶之灾。接着又是一个伟大的创举，文字产生了。语言的产生直接导致了作为智人的群体得以

协同劳作，改造自然；文字的产生则可以让思想传播得更远，由是孕育出了人类的两河文明、古埃及文明、古印度文明和华夏文明。

有史以来，流淌着智人血液的我们随着能力的不断提升，贪婪和欲望也逐渐膨大，为了得到更好的生活，追求理想、追求权力、追求财富……名目繁多。为了实现这些目标尔虞我诈，你争我夺，烽烟四起，改朝换代，无所不用其极。达到目的的人"苦不知足，既平陇，复望蜀"。达不到目的的人，就会不安，就会失落，甚至难耐贫寒。在这个历史进程中，人类既意识到自己具备了征服其他物种、改造自然能力的同时，也产生了对自然、对宇宙未知事物的迷茫、不解与恐惧。于是三个问题出现了，第一，本心与生俱来的孤独；第二，已达目的后欲望的继续绵延；第三，对自然界未知事物的困惑与惶恐。缘由、表象不同，但这三个问题最终都汇集到了一个点上——"人心"的不安。

"人心"既然不安，这势必需要作为人类的我们为自己的心灵寻一个家园，在那里让心灵的孤独得到抚慰，使难填的欲望逐渐消却，令莫名的惶恐得以化解。于是西方人选择了在自己身外另立一神的宗教，把自己交给了神，通过信仰来经营自己的心灵家园。在东方古国的我们又选择了什么方法来对那颗不安的心进行安顿呢？

黄帝尧舜垂衣裳而天下治，商灭夏桀，武王伐纣，西周建立，礼乐具备。东周末年，礼崩乐坏；春秋战国，天下大乱，人心惶惶。幸好诸子百家崛起，这是中国思想史上的第一个高峰，儒、道、墨、法、名、阴阳诸家论道，先哲们释出的思想光芒抚慰了其时人类惶恐不安而又本真的心。汉初"罢黜百家，独尊儒术"。东汉明帝夜梦金人，遂有白马驮经，至此，作为哲学思想及方法论的佛教传入中土。其时本土道教亦建立发展起来。三国两晋南北朝时期，我们再次陷入四分五裂之境地，礼乐缺失，人心惶惶。出人意料的是，此时佛教在逐渐本土化的进程中展现出了强大的生命力，"青青翠竹，尽是法身；郁郁黄花，无非般若"。佛教的崛起影响了社会风气从崇尚清谈到寄情山水的转变，使得乱世下人们的心灵又找到了安好的归宿。唐代佛教大盛，贞观十二年（638年）一个了不起的佛教人物惠能出世了，其后惠能及其南禅宗一枝独秀，这为即将到来的中国第二次思想史高峰宋明心学做了重要思想铺垫，新儒家之学即在此时开始萌芽。

"禅茶一味"不是凭空而来的，只有捋顺了这些，始能谈禅茶一味。那么茶这种苦、涩、酸、甜、咸、鲜、香诸味俱全的，可入口的农产品，怎么跟佛家的禅成一味了呢？咱们再说说禅门著名公案"赵州吃茶"吧。

赵州禅师，法号从谂，禅宗大师，享寿120年，人称"赵州古佛"，素有"赵州眼光烁破天下"之誉。《五灯会元》里记了这么一件事，师问新到："曾到此间吗？"曰："曾到。"师曰："吃茶去。"又问僧，僧曰："不曾到。"师曰："吃茶去。"后院主问曰："为什么曾到也云'吃茶去'，不曾到也云'吃茶去'？"师召院主，主应诺，师曰："吃茶去！"

公案里到过寺庙的人、未到过寺庙的人、寺庙的院主都被赵州从谂禅师派去吃茶，三个"吃茶去"其实就说了一个意思，喝茶是生活中的一件最为平常的事，所谓的禅茶一味就是指"平常心即道"，道不远，也不缥缈，它在人间烟火里。人首先得懂得活着才行，否则谈什么修行也是枉然。饿了就吃饭，渴了就喝茶，困了就睡觉，"夏天赤胳膊，冬寒须得被"，这是人纯真之本性，也就是人的本来面目，只有明白了这个简单的道理，才能明心见性。否则禅茶能一味吗？赵朴初先生也曾写过："七碗受至味，一壶得真趣。空持百千偈，不如吃茶去。"意思是说，空守着连你自己也不知道是什么意思的百千部经书去悟道，还不如喝茶去呢。从生活中来，到生活中去，不单喝茶，挑水、劈柴皆是道。

所谓禅茶一味，不是拿个蒲团，摆上杯茶，地上打坐的形式；不是穿上古装，水注盖碗，面带庄严，十秒出水的摆设；不是闭目运气，睁眼发功，神秘兮兮，徒增笑耳的闹剧。如画家寄情山水、乐家经由金石土革丝木匏竹来安顿自己的心灵家园一样，禅茶一味是喜茶之人把茶借为安顿心灵家园的载体而进行的修行，如鱼饮水，冷暖自知。禅茶一味了，就是你在生活里了，就是你有佛性了，就是你觉悟了，就是你跟自然产生默契了。《开悟诗》说得好："终日寻春不见春，芒鞋踏遍陇头云。归来偶捻梅花嗅，春在枝头已十分。"

你达到禅茶一味的境界了吗？我尚愚钝，还未处其境，只知热茶烫嘴。陋言种种，均作谈资，不免为大方贻笑，唯望起到抛砖引玉之效。

　　书之稿件首呈安化深山所遇之前辈。阅毕，老人手捻银髯笑眯眯地看着我说："还算中肯，出版书籍得找位名家做个序吧？"我说："老人家，我这支言片语，您别高抬了。写它的初衷是对自己习茶生涯的总结，也有个为初始学茶的朋友提供些思路的愿望，算是给自己一个交代，实无大卖之盼，顺其自然吧。"

　　"也好，由你。"

辛丑孟春于耕而陶茶斋